The Wildlife College
Sanha Kim
타자와 진정으로 공존하는 것
그것보다 위대하고 아름다운 문명은
없습니다.
야생의 삶을 포용하고 독려하고
축복하는 일에
독자 여러분께서 앞장서주시길
기원합니다.
우리의 수많은 야생학교에서
언제든 또 만납시다.
감사합니다.
•
김산하 드림

김산하의 야생학교

도시인의 생태감수성을 깨우다

1판 1쇄 발행 2016년 9월 22일
1판 6쇄 발행 2022년 5월 25일

지은이 김산하
편집부 김지은, 김지하 | 디자인 가필드

펴낸이 임병삼 | 펴낸곳 갈라파고스
등록 2002년 10월 29일 제2003-000147호
주소 03938 서울시 마포구 월드컵로 196 대명비첸시티오피스텔 801호
전화 02-3142-3797 | 전송 02-3142-2408
전자우편 galapagos@chol.com

ISBN 979-11-87038-09-2 03400

도시인의
생태감수성을
깨우다

김산하 글·그림

갈라파고스

야생학교에 오신 것을 환영합니다

학교는 나에게 꿈이자 실망의 공간이었다. 찌든 세상사와는 멀찌감치 떨어져 학문을 닦고 예술을 창작하는 것이 수용되는 곳으로서 학교는 나를 들뜨고 설레게 하였다. 교과서의 점잖은 문체와 딱딱한 사진들, 책으로 가득한 서가의 아늑함과 오래된 냄새, 이런저런 소식과 행사로 채워진 게시판, 가방과 주머니와 도시락과 필통. 이 모두가 좋았다. 이용가치나 경제논리와 무관하게 존재하고 그곳만의 목표와 원칙에 의해 돌아가는 배움과 탐구의 장이라는 사실이 소중하고 마음에 들었다. 하지만 동시에 학교는 순수한 희망을 꺾고 수많은 기대를 저버리는 곳이기도 했다. 학습의 실제 내용을 깊이 음미하면서 이해하는 것은 뒷전인 대신, 또래 간의 미미한 지적 차이를 부각시키는 능력이 추앙받고 강조되었다. 무시되는 과목, 아무도 열지 않는 엉뚱한 분야의 책, 시험마다 쏠렸다 사라지는 에너지, 피곤한 학우들의 어깨와 눈동자. 이 모두가 슬펐다. 때로는 반갑고 때로는 불편한, 복합적인 경험치로서 젊은 날의 요람이었던 학교는 어느 쪽으로 입장정리를 해보기도 전에 불현듯 끝이 찾아왔다. 졸업을 한 것이다. 그러나 나는 준비가 안 되어 있었다. 학교를 정녕코 영영 떠날 마음의 대비가 전혀 되어 있지 않았다. 나는 언제나 학생이었고 그런 나에게는 학교가 필요했다.

누구든 끝없이 배우며 산다는 의미에서 모두 학생이고 세상 전체가 학교이긴 하지만, 그런 겸손한 의미를 강조하고자 하는 말은 아니다. 그보다는 무엇인가에 접근하는 방식의 틀로서 학교라는 것을 완전히 제거해버린다면 나로서는 살기 어려웠다는 뜻이다. 제대로 된 인간으로 기능하기 위해서는 학교 다니는 생리가 여전히 내 안에서 돌아가야 했다. 학년이 올라가더라도 아예 끝나버려서는 안 되었다. 세상 속으로 완전히 뛰어들어 사는데 매몰되지 않고 반 발짝이라도 물러서서 세상을 관조하고 묘사하고 분석하는 일이 계속되어야 했다. 과목과 커리큘럼이 있어야 했고, 실습과 실험이 있어야 했고, 도서관과 예체능이 있어야 했다. 숙제나 수업시간, 등하교와 선생님은 없어도 무방했다. 어쩌면 없는 것이 나았다. 학창시절 내내 가장 절실했던 것이 자유였음을 상기하면 더더욱 그랬다. 하지만 나의 눈에 그런 것들은 학교의 핵심 구성요소가 아니었다. 제도로서 학교와는 당연히 차원이 다른 개념이었다. 나에게 학교란 정말로 중요한 문제를 올바르게 대하고 이성적으로 다룸으로써 어떤 관점을 얻는 과정이었다. 그 과정 속에 늘 속해있고 싶었다. 졸업 당하지 않고 말이다.

학교와 반대되는 개념으로서 직업세계의 맥락에서는 전혀 다른 종류의 행위가 벌어진다. 월급을 받기 때문에, 계약을 맺었기 때문에 해야만 하므로 기본적으로 일을 해치워 없애는 자세로 임하게 된다. 무언가의 실질적인 내용은 더 이상 중요하지 않다. 그로 인한 사회적 · 정치적 · 경제적 효과만이 관심대상이며 골치 아픈 문제를 일으키지 않는 것이 업무기준이다. 물론 너무 잘 해도 안 된다. 너무 신속하게 해내면 더 많은 일거리만 쌓일 뿐이니 책잡히지 않을 정도로만 느긋하게 처리하는 것이 좋다. 시간을 잘 보내는 것이 아니라 그냥 보내는 것이 관건이다. 그러면서도 일은 어떻게든 남에게, 성과는 어떻게든 나에게 돌아가도록 최대한의 노력을 기울인다. 남들보다 야망을 가지고 일하는 경우에도 기본적으로 동일한 목표를 약간 상향조정했을 뿐이라는 점에서 근본적인 차이가 없다. 무엇보다 이 멋진 어른들의 세계에서 특기할 만한 것은, 더 이상 아무것도 진정으로 중요치 않다는 것이다. 특히 예전에 학교에서 배운 것들이야말로. 그리고 그중에서도 가장 무가치한 것은 바로 실용적인 가치가 없는 자발적인 지적 활동이다.

학교를 영원히 떠난 이들에게 세상에 대한 우선순위 목록이라는 것이 있다면 그 가장 아래에 놓여있는 것이 바로 자연이다. 이것은 확고부동한 사실이다. 자연 중에서도 만년 꼴찌를 맡아놓은 당상은 야생의 자연이다. 나무야 환경미화도 되고 산소도 만드니 괜찮고, 농작물과 가축은 먹어야 하니 필요하고. 그런데 야생 동식물이라! 이보다 더 멀고, 불필요하고, 뜬구름 잡는 대상이 있을까? 먹고살기 바빠 죽겠는데 무슨 서식지니, 멸종위기종이니, 천연기념물이니. 전혀 와 닿지가 않는 것이다. 그냥 안 와 닿는 정도가 아니라 심지어는 사치이자 위선이라고 여기기까지 한다. 얼마나 형편이 좋으면 그런 걱정할 여유가 있나? 아니꼬운 시선으로 바라보기 일쑤다. 세상에, 웬 별 볼 일 없는 짐승 하나 때문에 사람의 권리를 제한하다니. 자연보전이라는 미명은 결국 사회적 통제와 억압을 위한 장치에 불과한 것 아닌가. 어느새 자연은 순수함을 잃은 또 하나의 이해당사자로 전락해 버린다. 어차피 인간이 패권을 지닌 세상에서 경쟁력이 약한 야생 동식물은 밀려날 수밖에 없다. 아니 밀려나야 한다. 그게 적자생존, 약육강식이라는 바로 그 잘난 자연의 원리가 아닌가?

하지만 야생의 자연은 이런 비아냥거림을 알아듣지 못한다. 차가운 무관심도, 적대적 분노도 감지되지 않는다. 그들은 그저 오늘도 다른 날처럼 시작하고 마무리할 뿐이다. 매일 똑같이 쏟는 이 삶에의 진정성은

위기 앞에서도 달라지지 않는다. 보금자리가 훼손되기 일보 직전에도 새끼 줄 먹이를 찾아다니고, 동종(同種)이 거의 사라진 와중에도 짝을 찾아 나선다. 순진하기 짝이 없는 영혼들의 집합체, 그것이 야생의 자연이다. 먹고 먹히고, 얽히고설켜 스스로의 소박한 삶을 충실하게 살아가는 생명의 어우러짐이다. 지구의 모든 구석구석, 차마 수를 헤아릴 수 없는 이 깨알 같은 드라마들이 벌어지지 않는 곳은 없다. 기후와 풍토에 따라 휘황찬란하게 다양한 개성들이 문명보다 훨씬 오래된 역사와 전통을 지키고 또 바꾸어가며 이 행성을 수놓고 있다. 그리고 동시에 그곳에는 인간이 있다. 어떤 때는 그저 한 구성원으로서, 또 어떤 때는 생태적 지배자로서 존재한다. 그의 존재감은 그 어느 때보다 강하다. 멀고 깊숙한 오지도 그의 손길이 닿지 않은 곳이 없으며, 그의 왕국인 도시는 끝모를 확장으로 지구의 한계를 시험하기까지 한다.

이제 야생의 의미는 달라졌다. 있는 그대로의 자연이되, 위태로운 자연이다. 존속 자체를 위해 투쟁적 관계에 놓인 자연이다. 생존경쟁과 차등적 번식성공으로 정의되는 진화의 과정 속에서 생물은 언제나 살기 위해 싸워왔다. 그러나 그 싸움은 그 생물이 지닌 무기로 참전할 수 있었던 싸움이다. 약간의 생물학적 차이를 만들어내고 이를 시간적으로 축적하면 변하는 환경에 대응하면서 적어도 '있을 수' 있었던 것이다. 지금 야생의 자연은 어찌 해야 할 바를 모른 채 전장에 있는 자신을 발견한다. 그곳이 전장인지도 모른다. 파괴의 규모를 보며 자연재해라고 그들은 생각할지 모른다. 사실은 인간재해라 해야 맞을 것이다.

인간인 우리가 야생의 자연이 처한 상황을 인식하고 이슈를 도출하고 비판하는 일. 지금 세상에서 가장 중요한 환경파괴와 생명의 사라짐을 공부하며 문제제기하는 것. 그리고 그럼으로써 도시인인 우리가 생태적 감수성을 회복하는 일. 바로 야생학교의 설립목적이다. 야생학교는 내가 현재 다니고 있는 학교의 이름이다. 학생은 나 한명이다. 선생님도 시간표도 없다. 하지만 교실과 운동장은 있다. 그리고 수업과 과제도 있다. 교실은 세상 전체이고 운동장은 야외의 자연이다. 수업과 과제는 나 스스로 정한다. 수업은 인간과 자연이 맞닿은 인터페이스를 살펴 현재 어떤 문제가 발생하고 있는 것인지 파악한다. 그 문제를 나만의 방식대로 접근하고 분석하고 비판적으로 표현한다. 과제는 학기 전체에 걸쳐서 다룰 테마를 정해 연구하여 보고서 형태로 제출한다. 주체와 기관이 하나이므로 내가 곧 학교이고 학교가 곧 나이다. 그래서 각 수업이 끝날 때마다 나는 야생학교의 이름으로 다룬 내용에 대한 소감을 적어 교재를 완성한다. 이는 선생님(그것이 누구/무엇이든 간에)께 드리는 인사이자, 그날의 종례이자, 내가 다룬 야생의 자연을 개인적으로 내면화하는 하나의 의식이다.

여러분에게도 각자의 야생학교에 입학을 권하는 바이다. 어느 날 마음만 먹으면 되는 일이다. 야생학교가 많아질수록 이 사회는 보다 건강해지고 자연은 보다 편안해질 것이라 나는 믿는다. 그래서 야생학교를 나온 수많은 졸업생들의 학사모가 무더기로 하늘에 날려지는 날 활짝 웃을 수 있으리라. 기쁘고 즐거운 만년 학생의 신분으로서. 나는 야생학교를 졸업할 생각이 없으니까.

2016년 9월
강릉에서

Contents

2

도시인의 자연 감상법

3

우리에게 필요한 것은?
생태감수성

4

뭇생명을 존중하려면

1

동물을 올바르게 대하는 법

01

비둘기가 무서운 당신에게

우리가 진정으로 배워야 할 것들은 전부 유치원에서 배웠다는 말이 있다. 10년 이상에 이르는 학창 시절 동안 배우는 거야 많지만 인간으로서 반드시 알아야 할 것을 배우는 건 아니라는 뜻이다. 그렇다면 남녀노소를 불문하고 우리 모두가 알아야 할 것은 대체 무엇인가? 야생학교의 학생으로서 나는 거리낌 없이 선언한다. 인간이 배워야 하는 단 한 가지가 있다면 바로 '다른 생명과 사는 법'이다.

꺅!! 길거리를 걷다 외마디 비명 소리가 들려온다. 치한인가? 유명 연예인이 나타났나? 아니면 누군가 복권이라도 당첨된 건가? 아니다. 소리의 진원지로 고개를 돌려보면 불쌍한 비둘기 한 마리와 그로부터 최대한 멀리 떨어지려는 여성 한 명이 눈에 띈다. 비둘기가 무슨 외계 괴물이라도 되는 것처럼, 아니 차마 입에 담을 수 없는 피해를 입히기라도 한 것처럼 그는 혐오로 몸서리친다. 물론 비둘기가 다소 가까이 날아왔을 수도 있다. 물론 비둘기의 깃털이 남루하게 바랜 회색빛일지도 모른다. 물론 비둘기의 한쪽 발이 불구였을 가능성도 인정된다. 하지만 심심찮게 도심 속에 울려 퍼지는 이 작은 새를 향한 거친 야유는 온당치 않다. 인간이 무심하게 버린 쓰레기와 토해낸 오물을 치우며 평생 살아가는 이들에게 우리가 해주는 인사가 이렇게 정색한 거부반응이어야 하는 것인가?

징그러운데 어쩌란 말인가요? 싫다는 말 앞에서는 그 어떤 논리도, 사상도, 정당화도 무기력하게 느껴진다. 마음이 동하지 않고 몸이 거부하는 반응을 보이면 말해봤자 소용없는 것이다. 여기서 상황을 살짝 바꿔보자. 남자가 혐오스러운 여자, 또는 여자가 거북한 남자. 이런 사람을 떠올려보자. 동성애자나 양성애자가 아닌데도 좀처럼 이성에게 마음을 열지 못하는 사람들이 있다. 성장과정에서 겪은 어떤 사건으로 초래된 결과, 삶에서 가장 중요한 배우자를 만드는 능력을 상실한 것처럼 보이는 이들이 실제로 우리 사회에 존재한다. 이성을 대할 때 어쩔 줄 모르는 이들을 두고 우리는 그냥 취향의 문제거니 하며 돌아서지 않는다. 때로는 정성스러운 대화와 상담으로, 때로는 전문적인 치료와 다양한 경험으로 생명의 근본적인 기쁨인 사랑을 누릴 수 있도록 도와주고자 노력한다. 싫다고 해서 그뿐이 아니다.

지난 2월 초 영국 런던의 한가운데서 여우가 가정집에 들어와 잠자던 한 살배기 아기의 손가락을 물어간 사건이 발생했다. 이상한 낌새를 눈치채고 마침 방에 들어온 엄마가 아니었다면 데니라는 이 아기는 하마터면 여우 밥이 되었을지도 모른다. 여론은 당장 들고 일어났다. 점점 개체수가 늘어나는 도시 여우에 대한 대책이 시급하다는 지적이 줄을 이었다. 여기서 대책이란 여우의 숫자를 '줄이는' 일이다. 잡아 죽인다는 것을 의미하는 점잖은 언론용 표현이다. 실제로 영국에서 여우는 쓰레기통을 뒤지는 일이 일상이 됐을 정도로 도시에 잘 적응한 종이다. 민가에 서식하는 개체가 3만 여 마리에 이르고, 중형 개 정도의 크기에 송곳니를 가진 사냥꾼이다 보니 어른을 위협할 정도는 아니지만 무방비 상태의 아이는 여우도 눈독을 들이는 대상이다. 멀쩡히 자다가 손가락을 잃은 아기를 계기로 불거진 시민들의 걱정도 무리는 아니다.

그런데 공교롭게도 여우 사건이 보도된 같은 날에 필리핀의 어느 마을에서 50년 된 대형 악어가 생포되었다는 소식이 전해졌다. 저수지 같은 곳에 우연히 갇힌 악어는 동네 어부 여러 명의 생명을 앗아

간 후 밧줄을 삼키다 그만 잡히고 만 것이었다. 위험한 정도로 말할 것 같으면 여우는 비교도 안 되지만, 이 악어는 당국에 의해 안전한 서식지로 옮겨졌다. 모든 악어를 말살해야 한다는 길거리 시위는 물론 일어나지 않았다.

실제로 지구촌의 수많은 사람들은 온갖 종류의 생물과 말 그대로 함께 산다. 열대우림에 사는 사람들은 밤중에 다닐 때에는 특별히 뱀을 밟을까 조심한다. 북극지역의 주민은 지구온난화의 여파로 부족해진 먹이를 찾아 민가에 찾아오는 북극곰 걱정을 한다. 호랑이가 사는 숲 인근의 마을 사람들은 산책 한 번 잘못 나갔다가 다칠 수 있는 위험을 인지하고 다닌다. 하지만 이들은 버젓이 이 동물들과 같은 땅을 공유하며, 동물과 갈등을 겪더라도 여전히 삶의 일부로 받아들인다. 국제사회도 이 귀중한 동물들과 공존하도록 지역주민을 설득 및 지원하고 각종 보전 사업을 벌이고 있다.

위험하든 징그럽든, 싫든 좋든 우리는 이 지구를 여러 다른 생명과 함께 살아가야 한다. 아니 사실은 대부분의 동식물을 쓸어내 버리고 우리끼리 살고 있다. 주변을 보라. 인간 외에 남은 자가 대체 누구인가? 우리밖에 없는 이 도시의 무자비함에도 불구하고 꿋꿋이 살아가는 비둘기가 시사하는 바를 우리는 놓치지 말아야 한다. 이들에게 야유를 퍼붓는 대신, 이제는 야생학교의 선생님으로 삼아보자. 야생학교, 개강이다.

02

자연은 자연에 반反하지 않는다

비바람이 몰아치는 날 창밖을 바라보라. 바깥세상은 저토록 모진 풍파에 시달리지만 실내에 있는 나는 아늑하고 안전하다. 그건 좋은데 이따금씩 어떤 걱정이 들 때가 있다. 이 궂은 날씨 속에서 다른 동물은 과연 어떻게 지내는지 염려가 되는 것이다. 비를 피하기라도 하는 걸까, 바람에 실려 원치 않은 여행이라도 하는 건 아닐까. 언제나 바깥에 있어야 하는 삶은 어떨지, 견고한 은신처에 숨어 지내는 우리로서는 상상하기 힘들다.

야생의 생활에 적응한 동물들은 물론 제 나름대로의 대처 방안을 가지고 있다. 땅에 굴을 파고 들어가 있거나, 잎이 풍성한 나무속으로 피난을 가기도 한다. 사람들과 가깝게 사는 종은 처마 밑이나 지붕 틈새 등 인공 구조물을 이용할 줄도 안다.

그런데 이상한 것은 모든 동물이 험한 날씨로부터 도망 다니지는 않는다는 사실이다. 조금만 노력하면 더 안전한 곳을 찾을 법한데도 그냥 있던 곳에 머무는 녀석들이 있다. 차가운 눈이나 뜨거운 햇볕을 그대로 감수하면서 말이다. 열대우림에서 영장류를 연구하는 나도 이런 광경을 여러 번 보았다. 옆 나무로만 가도 훨씬 나을 텐데 긴팔원숭이는 쏟아지는 소나기를 묵묵히 맞으며 그저 비가 그치기만을 기다리곤 했다. 마음 같아서는 우산이라도 나눠 쓰고 싶었지만 심히 부담스러워할 것 같아 참았던 기억이 있다.

비가 오면 좀 젖는 것이 당연하다는 자세, 어쩌면 우리에게 이것이 부족해서 이들의 행동을 이상하게 여기는 것인지도 모른다. 어떤 동물이든 체온과 몸 상태를 알맞게 관리하려 하지만, 주어진 환경에 적절히 반응할 뿐 그것을 거스르려고 하지는 않는다. 웬만하면 환경과 대적하려는 우리와는 참으로 다른 모습이다.

우리는 일 년 내내 자연에 반(反)하느라 여념이 없다. 아직 봄이라도 조금만 답답하면 에어컨을 가동하고, 아직 가을이라도 조금만 서늘하면 보일러를 튼다. 대중교통 운영자들은 어느 계절이든 너무 춥다는 사람과 너무 덥다는 사람의 이중 민원을 해결하는 데 안간힘을 쓴다. 심지어 위에서는 냉방이, 아래에서는 난방이 나오는 충격적인 지하철을 타본 적도 있다. 비가 오는 날에도 모든 공간은 절대적으로 뽀송뽀송해야 하므로 수십만 장의 일회용 비닐이 난잡하게 쓰였다 버려진다. 우리는 밤이 되면 어두워지는 법칙도 수용하길 거부한다. 영업이 끝난 상점도 불을 켜고, 수술실을 방불케 하는 형광조명이 편의점마다 쨍쨍하다. 물론 낮은 낮대로 부정된다. 산책을 나가는 이들도 용접가면 수준으로 얼굴을 가리고, 건물은 일부러 창을 없애는 대신 '간접조명'으로 내부를 밝힌다. 더위와 추위, 빛과 어둠, 물과 흙, 모두 제거되거나 철저하게 통제되어야 하는 무엇이 되어버렸다.

야생에서 살 수 없는 현대인이 살기 위해 자연을 통제하는 것 자체가 문제는 아니다. 그것이 과할 때가 문제이다. 자칫하면 우리의 감각과 감수성이 변질되기 때문이다. 여름은 여름이기에 마땅히 더워야 하지만, 냉방병으로 여름철을 보내고 나면 더위의 이 마땅함이 점점 사라진다. 계절과 상반된 환경에 익숙해진 사람은 그 계절에 대한 소속감을 가질 수 없다. 우리는 단지 더워서 냉방을 하는 것만이 아니라, 여름의 더위를 인정할 수 없는 지경에 이른 것이다. 그래서 사람들이 적정 온도를 찾는 대신 '빵빵한' 냉방을 요구하는 것이다. 더위와 추위를 완전히 없애겠다는 의지가 느껴지는 공간에서야 비로소 편안함이 찾아오는, 그런 감각과 감수성의 소유자들이 점점 늘어나고 있다.

동물들이 이런 것을 다 알고 비를 맞지는 않을 것이다. 그들의 속을 다 알 수는 없지만, 그저 자연이 그날그날 선사하는 날씨를 나름대로 받아들이고 있는 것처럼 보인다. 물론 문명의 이기가 없어서인지도 모른다. 하지만 적어도 이들은 자신의 몸이 쾌적함의 극상에 있도록 하는 데 혈안이 되어 있지는 않다. 집에서 키우는 강아지도 따뜻한 곳을 찾는 데는 귀신이지만, 보일러를 올려달라고 요구하지는 않는다. 우리보다 덜 똑똑하지만, 우리보다 점잖은 구석이 있다.

우리는 평범한 일상생활이 전 지구적 문제를 일으키는 시대에 살고 있다. 지구온난화는 우리 모두가 살면서 쓴 에너지가 모여서 생긴 결과이다. 어쩌면 세계 역사상 처음으로 모든 사람이 책임져야 하는 상황이 닥친 것이다. 동시에 모든 사람이 뭔가 보탬이 될 수 있는 장이 열린 것이기도 하다. 창문을 통해 바깥 경치를 구경만 할 게 아니라, 세상을 한껏 만끽하는 화려한 외출이 필요한 시대라고, 야생학교는 주장한다.

03

인간적인, 동물적인

비행기를 탈 때 심심풀이로 많이들 보는 코미디 프로그램이 하나 있다. 아무것도 모르는 행인에게 장난을 치고 그 반응을 몰래카메라로 보는 내용이다. 가령 길을 묻고서는 알려준 방향 정반대로 가는 식이다. 사람들이 놀라거나 당황하는 반응이 계속 반복되는데도 시청자들은 이를 즐긴다. 이상하게도 우리는 순진하고 어리둥절해하는 사람들의 반응을 보면서 즐거움을 느낀다. 인간적인 모습이라고나 할까?

누군가 실수를 할 때도 마찬가지다. 몸이 다칠 정도가 아니라면, 친구가 넘어질 때 우리는 하나같이 깔깔댄다. 사실 생각해보면 넘어지는 것 자체가 그렇게 재미날 이유가 없는데도 말이다. 그런데도 누군가의 실수는 언제나 사람들의 웃음을 유발하고 때로는 분위기를 화기애애하게 만들어준다. 냉철한 줄만 알았던 이가 예기치 못한 실수로 '인간적인 면'을 보여줄 때 우리는 그를 더 좋아하게 된다. 뭔가 순수하고 불완전한 면을 우리는 인간적이라고 느끼는 모양이다. 위에서 말한 코미디 프로에서 행인들이 전혀 놀라지 않고 상황에 완벽하게 대처했다면 재미가 하나도 없을 것이다. 적당히 당황해할 만한 때에도 흔들림이 없는 사람을 우리는 오히려 비인간적이라고 한다.

그런데 참 이상한 일이다. 뛰어난 이성과 고도의 기술이야말로 우리 인간만의 특징인데, 굳이 그런 어리석은 면을 콕 집어 인간적이라고 부르는 사실이 말이다. 동시에 동물적이라는 수식어는 상당히 부정적으로 쓰인다. 욕설이나 비방에 단골손님처럼 등장하는 게 동물이다. 우리는 자랑스러운 인간으로서 어떤 경우든 동물에 빗대어지는 것을 원하지 않는다. 예의나 도리에 어긋나는 행동은 '짐승 같은' 짓이며, 우리의 고결한 '인간성'은 저열한 '동물성'과 확연히 구분되는 무엇이다. 인간성이 좋다는 것은 최고의 칭찬이고, 동물만도 못하다는 것은 최악의 욕이 아니던가.

그렇다면 그토록 (비)인간적인 동물은 과연 어떤가? 이들이 우리처럼 인간적인 면모를 보일 때는 없는가? 야생의 생존경쟁 속에서 사는 이들은 우리와는 달리 전혀 어설퍼 보이지 않는다. 이들은 자신이 처한 환경에 완벽히 적응한 것처럼 보인다. 한 번의 실수가 생사를 가르기도 하는 생활 때문일까? 인간적인 우리는 길을 가다가도 넘어지지만, 동물은 매 순간 정신을 바짝 차려야 하는 험난한 먹이그물 속에 살면서도 조금도 흐트러짐이 없다. 참 비인간적인 녀석들이다.

꼭 그럴까? 얼마 전 호주의 남동부에 있는 한 국유림에서 수십 그루의 나무가 잘렸다. 목재 생산을 목적으로 조성된 숲이라 벌채가 예정되어 있었고 당국은 작업에 앞서 그곳의 야생동물을 인근 숲으로 옮겨주었다. 그런데 나무가 다 사라진 며칠 후 그 빈자리에서 코알라 한 마리가 발견되었다. 영문을 모르겠다며 어리둥절해하는 표정으로 이 갑작스러운 허허벌판에 몇 시간째 앉아 있었던 것이다. 동물구호단체에 의해 이 코알라는 다른 숲으로 옮겨졌지만, 삽시간에 사라진 보금자리를 바라보던 그 멍한 얼굴은 나의 가슴을 후벼판다. 자동차 위에 그 소중한 알을 낳는 잠자리를 볼 때도 마찬가지다. 하늘을 비추는 보닛이 물의 수면인 줄 아는 것이다.

좀처럼 보기 힘든 동물들의 이런 '약한 모습'을 목격하고 나면,

그 '인간적인 면'에 마음이 동하지 않을 수 없다. 나는 다리가 엉켜 넘어지는 모기와 착지를 잘못해 구르는 파리를 본 적이 있다. 이들에게 우리와 똑같은 실수를 하는 귀여운 모습이 있을 줄 누가 상상이나 했겠는가? 나무에서 떨어지는 원숭이도 물론 보았다. 원숭이들은 걷다가 돌부리에 걸려 넘어지기도 하고 그러면 마치 창피한 듯 얼른 일어나 주변을 살핀다.

또 아마존 밀림의 어느 부족 마을에서 아나콘다를 만난 적이 있다. 뱀의 머리에 피 빨아먹는 진드기가 붙어있어 떼어주었더니 아나콘다가 움찔거렸다. 따끔했던 것이다. 대표적인 냉혈동물이 보여준 가슴 뭉클한 인간적인 모습이었다.

동물들이 이렇다면, 굳이 '인간적'이란 말이 필요할까. 인간다움과 동물다움의 구분 대신, 그 모두를 아우르는 '자연스러움'을 말할 수는 없을까, 야생학교는 제안한다.

04

19금 밥상

텔레비전을 켜면 화면 오른쪽 상단에 숫자가 떠 있는 것을 볼 수 있다. 프로그램에 담긴 선정성, 폭력성, 잔인성에 따라 시청이 가능한 최소 나이를 나타내주는 숫자다. 남세스러운 장면 잘못 봤다가 우리 애 이상한 짓 할라. 때려 부수는 거 자주 봤다가 우리 아이 성격 나빠질라. 자라나는 이 땅의 꿈나무들에게 가능한 한 좋은 환경을 제공해주고자 하는 어른들의 마음이 담긴 정책으로, 그 효과에 대해서는 회의적이더라도 그 취지에는 대부분 공감한다. 좋은 걸 보고 자라야 좋은 사람 되지. 자신을 희생해서라도 자식만큼은 더 나은 삶으로 끌어올리려는 전 국민적 교육열이, 이 나라를 움직이는 가장 근본적인 힘이라 해도 아마 과언이 아닐 것이다. 오바마도 툭하면 한국의 교육정신을 들먹이는 것을 보면 세계적으로도 우리가 유난스러운

축에 속하는가 보다.

그런데 이게 웬일인가? 이상하게도 뭔가 먹을 때만 되면 교육에 대한 이런 섬세한 고려는 깡그리 사라진다. 식사예절이나 편식 교정에 관한 이야기가 아니다. 하나의 생명으로서 음식을 대하는 자세에 관한 이야기다.

식당 바깥에서부터 문제는 시작된다. 횟집 앞 수조의 물고기를 보며 입맛을 다시고, 아예 하나를 지목해서 "요놈으로 잡아 달라"고 요청하기까지 한다. 물고기가 몸을 돌릴 수조차 없이 꽉 찬 광경에 대해서는 일언반구도 없다. 대게와 광어가 물건처럼 포개져 쌓여 있지만 엄마, 아빠는 싱글벙글하기만 한다. 고깃집 간판에는 닭, 돼지, 소가 각각 스스로의 살코기가 얼마나 맛있는지 뽐내듯 입맛을 다시며 엄지손가락을 자랑스럽게 추켜세우고 있다. 심지어는 손가락이나 발가락 대신 촉수를 지닌 낙지조차도 어떻게든 엄지를 만들어 세워 자신의 살을 권하는 경우도 있다. 먹히는 자가 맛있어 하는 이 괴기스러운 모순은 그저 하찮은 디테일로 치부될 뿐 식당을 선정할 때 여기에 신경을 쓰는 사람은 아무도 없다.

이보다 더한 것은 식당 안에서 벌어지는 '자극적인' 장면과 대화다. 산 새우는 말 그대로 살아있는 상태의 새우를 그 자리에서 껍질 벗겨 먹는데, 녀석들이 튀어 나가지 않도록 수건으로 덮어놓고 하나씩 잡아 꿈틀거리는 걸 그냥 초장에 찍어 잡순다고 한다. 펄펄 끓는 물에 산 채 넣는 경우도 있다. 살려고 바동거리는 새우들이 뚜껑에 부딪치는 소리가 요란하지만 어른들은 그저 태평이다. 어떤 이들은 소금구이로 먹으라고 파는 새우를 굳이 산 채로 달라고 해서 까먹기도 한다. 토막이 되어 참기름을 더듬는 산낙지는 너무나 정당하고 소중한 우리의 전통문화라 아예 논의 대상이 되지도 않는다. 미꾸라지가 끓는 물을 피해 두부 속으로 도망치도록 해서 만든다는 추두부탕도 비슷한 지위를 차지한다. 이토록 대놓고 즐기는 살육의 현장에서는 오고가는 대화도 이에 걸맞게 엽기적이다. “새우는 살아서 톡톡 튀는 걸 먹어야 제 맛이지!” “역시 갓 잡은 게 맛있어!” 모두 어린아이나 청소년이 쉽게 드나드는 식당에서 벌어지는 광경이다. 애들 몰래 찾는 곰쓸개나 개소주까지 갈 것도 없다.

한손에 동물 인형을 쥐고, 평소에 〈니모를 찾아서〉를 즐겨 보던 어린아이는 어리둥절하기만 하다. 어젯밤 바다용궁 이야기책을 읽어주던 엄마, 아빠의 인자하던 모습은 온데간데없다. 살아있는 생물의 안위는 안중에도 없는 이런 식생활과 태도는 매끼마다 아이들에게 생명을 대하는 그릇된 자세를 은연중에 가르친다. 나의 관점에서는 적나라한 포르노를 시도 때도 없이 보여주면서 성교육이 성공하길 바라는 것과 조금도 다르지 않다.

국제학계에서는 물고기가 아픔을 느끼는지를 두고 논란이 한창이다. 수백 년 동안 이어져온 이 논쟁의 쟁점은 다음과 같다. 물고기도 아픔을 감지하는 신경조직을 어느 정도 갖고 있지만, 아픔에 대해 무의식적인 반사 신경 반응을 보이는 것뿐인지, 아니면 진정 의식적으로 아픔을 인지하는 것인지 확실치 않다는 것이다. 물고기도 아파한다는 진영은 단순 반사 신경이 아닌 행동을 근거로 내세우고, 반대 진영은 물고기가 의식의 핵심인 전뇌피질을 갖고 있지 않다는 점을 주요 증거로 든다.

그러나 과학자들의 이런 논쟁은 핵심을 놓치고 있다. 물고기의 아픔이 인간인 우리가 이해할 수 있는 종류의 의식적 아픔과 동일해야 아픔으로서 유효한 것은 아니다. 어떤 저차원적인 신경생물학적 수준에서 벌어지든, 분명히 무언가를 느끼고 있는 것이다. 그래서 몸부림을 치고 이리저리 비틀고 난리를 치는 것이다. 그거면 된 거다. 과학자들의 입장정리와 상관없이, 물고기도 새우도 생명으로서 존중받아야 한다. 그리고 생명 존중보다 중요한 교육은 없다. 섬뜩한 '19금 밥상'에서부터 교육은 시작된다고, 야생학교는 믿는다.

05

공룡을 좋아하던 아이들은 다 어디로 갔을까?

와! 함성소리와 함께 아이들이 몰려든다. 커진 눈망울은 호기심을 충족하느라 여념이 없고, 들뜬 몸은 가만있지를 못하고 왔다갔다 부산스럽다. 수족관이나 과학박물관, 생물체험관 같은 곳에서 주말마다 흔히 볼 수 있는 광경이다. 어쩔 수 없이 따라온 엄마, 아빠에게 연신 질문을 해대는 꼬마들은 답을 채 듣기도 전에 다음 칸으로 이동 중이다. 특히 공룡 뼈는 세대가 바뀌어도 식을 줄 모르는 인기를 구가한다. 사후에 이렇게 인정받을 줄을 꿈에나 알았을까, 공룡 녀석들이. 그런데 반나절 실컷 재미있게 놀다 가는 이 모습은, 한평생 일관되게 동물을 테마로 살아온 나에게는 가장 신기한 현상 중 하나이다.

애들이 공룡 따위에 열광하는 사실 자체가 이상한 것은 물론 아니다. 자식이 커서 무엇이 되길 바라는지와 무관하게, 어린 시절만큼은 부모가 늘 그 자녀들을 동물의 세계로 인도해준다는 사실이 신기하다는 것이다. 같은 현상을 반대로 말해서, 동물에 신나 하던 그 많던 애들이 커서 다 뭘 하고 있나 의아한 것이다. 사회적 정황을 전혀 모르는 사람의 눈으로 봤을 때 이 아이들은 마치 흔적도 없이 사라진 것처럼 보인다. 물론 그들은 아무 데도 가지 않았다. 한 아이도 빠짐없이 그대로이지만 이른바 좀 더 '철'이 들었고, 좀 더 어른스러워진 것뿐이다. 한때의 유치한 관심사와 취미는 졸업해야 하는 것이 당연지사. 어엿한 사회인으로서 사람 구실 하기 위해서는 보다 심각한 분야에 몸을 맡길 줄 알아야 한다. 애나 어른이나 똑같이 갖고 있는 일종의 삶의 철학이다. 개중에는 이 대세에 적극 동참하지 않는 소수파도 있다. 하지만 이중에는 좀 더 나중의 시점에 전향하는 시한부 소수파가 대부분이다.

이유는 단연 먹고살기다. 술자리마다 오가는 진솔한 대화에서 이 핵심어가 빠지는 경우는 절대로 없다. "나도 먹고살아야지!" 가장 기초적인 생존을 위한 것이라는데, 그저 연명하기 위한 몸부림이라는데, 여기에다 대고 뭐라고 할쏘냐. 생물의 대사와 생리에 대한 욕구는 정당화가 필요 없는 마땅함이다. 이토록 너무나도 근본적인 명제가 피어나는 이야기꽃마다 반복되는 이유는 무엇일까? 과연 모두가 진짜로 음식 자체를 구하는 일이 그리도 고달픈 것인가?

사실은 정반대다. 최소한의 생존보다 훨씬 많은 것을 말하고자 할 때, 목숨만 부지하기는커녕 체면과 성공욕을 정당화하고자 할 때, 먹고살기는 단골손님처럼 등장한다. 굴지의 대기업 임원이나 고액연봉자의 노고도 다 먹고살기 위한 소행일 뿐이다. 판사, 변호사, 의사와 같은 전형적인 인기 전문직을 선택하는 이유도 순수하게 먹고살기 위해서란다. 남에게 인정받고 남보다 부유하게 살고자 하는 가장 세속적인 정신을 미화하기 위해, 최저임금 생활자나 노숙인들이 절절하게 꺼낼 말을 가로챈 것이다.

정말로 밥만 있으면 충분하고, 그것 하나를 위해 불철주야 노력하며 사는 동물을 생각하면 사람들의 이런 푸념은 좀처럼 와 닿지 않는다. 끝도 없이 줄어드는 녹지에 매달려 점점 사각지대로 밀려나는 동식물이야말로 말없이 생존권을 호소하고 있다. 사람살기도 힘든 세상에 웬 짐승까지 챙기나? 문제의 우선순위를 지적하는 이도 있다. 하지만 인간의 문제가 다 해결될 때까지 기다려야 한다면 동물의 차례는 결코 돌아오지 않는다. 진정으로 생명을 생각한다면 적어도 연봉과 승진, 스펙 따위의 고민을 먹고살기로 표현해서는 안

된다.

공룡화석에 넋을 잃던 아이들이 이 기형적인 생존경쟁에서 조금만 자유로울 수 있다면. 그 중 한두 명이라도 커서 공룡과 관계된 일을 할 수 있다면, 이 땅의 직업은 훨씬 다양해질 수 있다. 생물다양성이 확보되고 보존될수록 생태계가 건강한 것처럼, 사회도 여러 삶과 직종이 다양하게 공존할 수 있을 때 발전한다. 인간사에 대해 무지한 동물학자의 망상만이 아니다. 최근 세계적 권위의 〈이코노미스트〉지는 한반도 특집 기사를 통해 한국의 성공은 깊지만 넓지 않다고 지적했다. 남한의 직업 수는 일본의 3분의 2, 미국의 38퍼센트에 불과하다고 한다. 좋아하던 것을 버리더라도 뱀의 머리보다 용의 꼬리를 고집하는 한국인들에게, 과연 좋은 삶이란 무엇인지 되돌아봐야 한다는 일침을 놓으며 이 기사는 말을 맺는다. 나름의 먹고살기에 혈안이 된 우리들이 곰곰이 반성해볼 만한 대목이다. 어쩌면 그토록 자주 입에 올리는 먹고살기가 정답인지도 모른다. 원래의 소박한 뜻에 맞게 삶을 단순하게 대하고 그에 흡족할 수 있다면, 실제로 모두가 함께 먹고살기 쉬워지지 않을까, 야생학교는 생각해본다.

06

야생동물도 배송이 되나요?

가게의 문을 들어서는 순간 들려오는 힘찬 외침. "어서 오세요!" 그런데 사실은 그다지 힘차지도 않으며, 제대로 나를 향한 말도 아니다. 보통 손님을 보지도 않은 채 건네는 인사라, 받는 이도 화답의 필요성을 별로 느끼지 않는다. 가게 내에서 벌어지는 상호작용도 빈약하기는 매한가지. 꼭 필요한 질문과 대답, 포장 및 결제에 관한 사항 외에는 할 말도 없다. 오히려 상업적 관계를 살짝이라도 벗어나는 대화를 시도했다가는 수습이 불가한 어색함이 찾아올 수가 있다. 특히 남자 손님이 괜히 여자 직원에게 시도하는 몇 마디는 치근거림으로 오인되기 일쑤다. 사람과 사람의 만남에 수반되는 미묘함과 복잡성이 버겁게 느껴질 때, 차라리 인터넷과 같은 가상공간이 제공하는 익명적 깔끔함이 편안하고 쾌적하다.

생활 속에서 온라인 세계의 비중이 급속도로 높아진 데는 이런 사회적인 측면 말고도 여러 원인이 있지만, 오프라인 세계가 가져다 주는 온갖 거추장스러움을 제거하고 싶은 현대인들의 마음도 분명히 큰 몫을 차지한다. 인터넷에서 물건을 살 때에는 점원의 눈치를 볼 필요도, 부담에 눌려 서둘러 결정할 필요도 없다. 외출한답시고 차려 입을 것도 없이 그냥 추리닝 바람으로 몇 시간이고 눌러앉아 조목조목 끝없이 살펴도 된다.

사람을 만나는 것도 마찬가지다. 비슷한 관심사를 가진 사람을 찾으러 사방팔방 뛰어다닐 것 없이, 검색 한 번이면 공통의 관심사를 가진 이들과 바로 접속해서 원하는 이야기를 나눌 수 있다. 진짜 만남에 수반되는 어색한 자기소개와 서투른 교제라는 통과의례를 거치지 않고도 얼마든지 '사회생활'이 가능하다. 인터넷 쇼핑몰과 인터넷 카페가 대세인 오늘날에는 이런 이야기조차 새삼스러울 뿐이다. 현실 세계를 지칭할 때 '온라인이 아닌 상태'(오프라인)로 부르는 것만 봐도 인터넷 세상이 얼마나 중요해져 버렸는지 알 만하다.

하지만 인터넷 인간사의 신속함과 간편함 덕분에 생겨나는 새로운 문제들이 있다. 자살 카페나 성매매 채팅방, 도박 사이트를 말하고자 하는 것이 아니다. 이미 잘 알려진 우리 사회의 이러한 그늘진

구석들은 여전히 큰 문제이지만 적어도 법의 테두리 안에 놓여 있어 규제를 받는다. 또 법률에 저촉됨을 떠나 이런 일들은 사회적인 지탄을 받기에 대놓고 벌일 수 있는 활동들은 아니다.

그런데 생명 경시와 자연 파괴, 질병 확산과 생물 학대 등 온갖 심각한 문제를 유발함에도 불구하고 법적인 제재는 물론 사회적 관심조차 얻지 못하는 사각지대가 하나 있다. 바로 인터넷을 통한 야생동물 거래다.

최근 '동물을 위한 행동'과 '슬픈 과학자'라는 단체가 공동으로 조사한 「야생동물 개인 거래 및 사육 실태 보고서」에 따르면 두 개의 주요 인터넷 사이트를 통해 거래된 야생동물은 2012년 11월부터 2013년 10월 사이에 무려 1만 7,573마리에 이른다. 하루에 약 48마리 꼴로 매매가 이뤄진 셈이다. 잊지 말아야 할 것은 개와 고양이 같은 일반 반려동물이 포함되지 않은 수치라는 점이다. 햄스터, 고슴도치, 토끼 등 비교적 '친근한' 동물은 물론 프레리독, 페렛, 날다람쥐 등 다수의 포유류와 양서파충류, 어류, 곤충, 거미, 심지어는 연체동물까지 망라한 인터넷 쇼핑몰이 버젓이 운영되고 있다. 멸종위기종인 긴팔원숭이나 슬로로리스까지 매물이다. 많은 경우 거래가 성사되면 동물을 상자에 넣어 구멍 몇 개 뚫고 택배로 배송해버린다.

배송 도중 죽어도 책임지지 않는다는 단서가 거래 약정의 일부이다.

머나먼 땅에서 들여온 야생동물은 애완동물이 아니기에 제대로 된 사육 방법도 없다. 대부분의 동물은 나이나 성별과 같은 기초정보도 제공되지 않은 채 보내진다. 엄연히 상자 속에서 숨 쉬고 있는 생명이지만, 짐보다 더 짐짝 취급을 받는다. 아무나 거래에 참여할 수 있어서 부모의 반대를 무릅쓰고 동물을 구매한 아이들이 동물을 급히 처리하는 공간으로 기능하기도 한다. 키우다 지겨워진 동물을 다른 동물로 바꾸는 물물교환도 빈번하다. 반드시 동물끼리 바꾸지 않아도 된다. 돈을 얹어서라도 키우던 고슴도치를 전자기기와 교환하기를 희망한다는 글마저 올라온다.

법의 사각지대에 안전하게 자리 잡은 야생동물 온라인 쇼핑을 통해 클릭만으로 밀림의 생명체를 오토바이로 배달받는다. 국제적 멸종위기종을 불법 보유하는 경우는 처벌이 가능하지만 몰래 방사해 버리거나 몰랐다고 하면 그만이다. 낯선 환경에서 갑자기 홀로 살길을 찾아야 하는 동물은 반드시 외롭고 쓸쓸한 죽음을 맞이한다.

사실 불법이냐 아니냐가 중요한 것이 아니다. 생명에 대한 폭력적 속박, 착취와 유린은 설사 법이 현실을 따라가 주지 못한다 해도 절대로 용인될 수 없다. 우리는 마땅히 이에 분노해야 한다고, 야생학교는 고발한다.

07

반달곰과 멧돼지의 거주 기본권

국가가 나한테 해준 게 뭐 있나. 우리는 그렇게 투덜거리곤 한다. 쥐꼬리만큼 벌기라도 하면 어디선가 나타나 세금이나 때리기 바쁘지. 그러다가 무슨 일로 외국에 나가보면 생각이 조금 달라지곤 한다. 입국 순간부터 며칠 동안 머물 예정인지, 숙소는 어딘지 시시콜콜하게 다 밝혀야 하다니! 그냥 좀 계획 없이 놀다 가면 안 되나? 자기 나라에 들어가 돈 쓰겠다는데도 출입 자체에 대해 빡빡하게 구는 그 태도가 못마땅하다. 지구인으로서 이 행성의 구석구석을 마음대로 밟을 수조차 없다는 사실은 놀랍고도 불쾌한 구석이 있다.

잠시 다녀가는 여행객과는 달리 상당 기간 체류해야 하는 유학생이나 해외 거주자는 이 기분을 누구보다 잘 안다. 어느 나라 땅에 그저 있기 위해 들여야 하는 노력과 시간과 비용은 속된 말로 장난이 아니다. 내 나라에 있을 때와 가장 구별되는 점은, 내가 이곳에 존재할 자격이 있음을 증명해야 한다는 점이다. 정당한 목적과 이를 달성할 요건을 구비한 자에게만 '있을 재(在)'의 특권이 주어진다.

그렇게 돈과 능력과 추천서로 겨우 증명하여 얻어낸 체류의 권리는 기껏해야 몇 년. 얼마 지나지 않아 연장의 시점이 다가오고, 행여나 지체되기라도 하면 가만히 앉은 상태에서 범법자가 된다. 그래도 떳떳이 입국을 한 사람은 그나마 양반이다. 조국의 혹독한 실상을 피해 보다 나은 나라를 찾아 나설 수밖에 없는 많은 개발도상국 사람들은 합법적 통로가 차단되면 목숨을 걸고서라도 밀입국을 시도한다. 2009년 발표된 프랑스 영화 〈웰컴〉은 생존과 이주를 둘러싼 고뇌를 잘 그려낸다. 주인공인 17세 이라크 소년은 새 삶과 사랑을 찾아 영국으로 밀입국해보지만, 그것이 실패로 돌아가자 도버해협을 수영으로 횡단하기로 결심한다. 우연히 만난 수영 코치의 인간애 덕에 이 허황된 꿈은 실현될 것처럼 보이지만 이런 일들이 보통 그렇듯, 뜻을 이루지 못하고 비극적 결말을 맞는다.

먹고사는 걱정 이전의 존재 자체에 대한 걱정. 비단 인간만의 신세는 아니다. 아니 인간 외의 생명이야말로 이 문제에 가장 심하게,

밤낮없이 시달린다. 도시나 마을처럼 인간계에 살면서 '사서 고생하는' 종은 잠시 제쳐두기로 하자. 자연의 주민, 즉 자연계에 살고 있는데도 불법 체류자 취급을 받는 동물들에 대한 이야기다. 이것은 단순한 비유가 아니다. 개발이나 거주 등이 엄격히 제한된 국립공원과 같은 공간은, 말하자면 동식물이 '원주민'으로 살 수 있도록 법적으로 구획된 공간이다. 인간은 엄연한 '방문자'이다. 비자에 해당하는 입장권을 잘 보유하고 법에 해당하는 등산규칙을 잘 지킨다는 전제하에서만 체류가 허락된다. 이를 위반할 경우 '추방'될 수도 있다. 산에 오를 땐 마음껏 정상에 오르고 "야호"를 외쳐도 좋다. 하지만 천하를 얻은 듯한 마음만 가지고 돌아갈 수 있을 뿐, 산의 시민권을 얻은 것은 아니다.

그러나 이곳의 동물 주민들은 괴롭다. 툭하면 등산로를 벗어나 온갖 샛길은 물론 입산 금지 구역까지 파고드는 등산객들 때문에 생활에 극심한 방해를 받는다. 산나무나 산약초를 불법으로 채취하여 귀한 먹이자원이 줄어들고, 함부로 던진 담배꽁초가 일으킨 산불로 보금자리가 홀라당 타버린다. 사람에게 방해를 전혀 받지 않더라도 추위와 배고픔을 해결하기 위해 매일같이 투쟁해야 하는 야생 나라의 삶은 결코 만만한 것이 아니다. 소음과 쓰레기, 심지어는 사냥에까지 시달리며 '내 집'에서 사는 기분이란 어떠할까. 엄연히 방문하는 쪽은 인간인데도 '생태적 무법자' 따위의 칭호가 붙는 대상은 이상하게도 동물 주민이다.

멧돼지의 천적을 제거하여 개체군 조절 체계를 망가뜨린 게 누군데, 우리는 그들의 번식에 불편해하며 가끔씩 민가로 내려오는 개체를 '불법 체류자'로 취급하기만 한다. 어렵사리 지리산에 복원시킨 반달가슴곰은 존속 가능한 개체군 수준에 겨우 가까워지려 하자, 기껏 풀어놓은 일부 개체를 다시 잡아들여야 할지 모르는 지경이 되었다. 역시 사람 때문이다. 깊은 산속 대피소에서 삼겹살 냄새가 솔솔 풍겨도 절대로 접근해서는 안 되는 줄 그 어느 곰이 알겠는가. 자신의 보금자리 근처에서 발견한 배낭과 침낭 그리고 잔반통을 '습격'한 죄로 이 곰은 '자연적응 실패'라는 억울한 누명과 함께 포획당할 가능성에 처해버렸다. 정해진 길로만 다니면 곰을 만나고 싶어도 못 만나는데 말이다.

국립공원관리공단이 곰 위치정보 2만 개를 분석한 연구 결과에 따르면 곰이 탐방로변 10미터 이내에 머무르는 비율은 0.5퍼센트에 불과했다. 자기 집에서도 눈치를 보며 생존하는 이 동물들은, 공단의 당시 복원기술부장 이배근 박사의 말마따나 상을 줘도 모자랄 판이다. 적어도 동물의 나라인 숲에서만이라도 이들의 행복추구권과

거주이전의 자유가 보장되어야 한다고, 야생학교는 변론한다.

08

바다에서 물고기가 사라질까 걱정

사랑에 실패한 친구가 내 앞에서 고개를 떨군다. 단숨에 비운 술잔을 힘없이 내려놓더니 이내 땅이 꺼질 듯한 한숨을 내쉰다. 휴우. 인생의 깊고 어두운 골짜기에 빠져버린 그에게 해줄 수 있는 말이 과연 뭐가 있을까. 그저 곁에 있어주면서 슬픔과 비통함을 온전히 나누어 경험하는 수밖에. 그래도 기나긴 그간의 사연과 뒷이야기를 다 듣고, 함께 아쉬워하고 분노한 끝에, 덧붙이는 고전적인 말이 하나 있다. “세상에 여자(또는 남자)가 어디 그 사람뿐이냐!” 오늘 밤의 하소연과 넋두리의 대미를 장식하는 이 잠언은 대체적으로 수긍을 받는다. 다 아는 이야기지만, 그리고 절대로 이 실연을 인정하고 싶지 않지만, 친구는 천천히 고개를 끄떡인다. 적어도 오늘 밤은 이렇게 넘어갈 수 있으리라.

같은 의미의 영어 관용문은 다음과 같다. There are plenty more fish in the sea. 직역하면 '바다에는 아직도 물고기가 많다'라는 뜻이다. 광대한 바닷속 수많은 물고기만큼 이 세상에는 아직 만나지 못한 이성이 가득하니, 그대여 너무 걱정 말거라. 인류가 영원과 맞닿은 듯한 수평선을 바라보며 말없이 출렁이는 물결과 파도소리에서 위안을 찾았던 역사가 길고도 깊다. 그래, 낙심하지 말자. 저렇게 물고기가 많은데. 그리고 이는 수사적인 표현만이 아니었다. 실제로 바다에는 물고기가 가득했다. 옛날에는 그랬다. 상업적 어획(industrial fishing)이 본격적으로 시작되던 20세기 초반까지만 해도 엄청난 크기의 물고기 떼가 보고되거나 잡히는 일이 심심찮게 일어났다. 지금은? 상황이 완전히 바뀌었다. 하도 잡고, 잡고, 또 잡아서, 저토록 넓은 바다에 실제로 물고기가 동이 나고 있는 것이다.

대체 어느 정도일까? 국제식량농업기구(FAO)에 따르면 본 기구가 모니터링하고 있는 600개의 어장 중 지속가능하게 잡을 수 있는 양보다 덜 잡는 곳은 단 3퍼센트에 불과했다. 나머지는 모두 탈탈 털리는 중이거나 이미 털렸다는 뜻이다. 전 세계 어장의 85퍼센트가량이 과도한 남획으로 고갈되었거나, 되고 있는 중이거나, 고갈 후 회복 중에 있다고 한다.

물고기의 감소 규모를 가장 실감나게 보여주는 수치는 어획량의 감소이다. 19세기 말, 고기잡이가 예전 같지 않다는 어부들의 불만이 잦아지자 영국 정부는 진상 조사를 하기 위해 1889년부터 연도별 어획량을 체계적으로 기록했다. 변화의 추이를 올바로 이해하기 위해서는 이 자료를 '어업동력'으로 환산해야 한다. 돛에 의지하던 옛날 배와 위성장치까지 동원한 오늘날의 거대 어선에 의해 잡히는 양을 수평 비교할 수 없기 때문이다. 분석 결과는 참담하다. 현재 단위 어업동력당 잡히는 물고기의 양은 120년 전의 6퍼센트로 극히 초라한 수준이다. 비행기와 군사기술로 무장한 현대어선이, 보잉 747 여객기 12대가 들어갈 만한 크기의 초대형 저인망을 끌며 바다 바닥을 긁고 있지만, 단위 노력당 잡히는 양은 점점 줄고 있는 것이다. 이유는 단순하다. 물고기가 없기 때문이다.

나와 상관이 없는 먼 바다의 이야기? 한때 가장 풍성한 어장 중 하나로 여겨졌던 북대서양 대구 어장은 완전히 무너져버리는 바람에 1992년에 어업이 전면 금지되고 4만 명 이상이 생업을 잃었다. 한국과는 무관한 다른 욕심쟁이 나라들의 이야기? 한국은 동대서양 가자미와 넙치, 지중해 및 흑해 청어, 남극해 빙어 등의 어장 고갈을 유발시킨 주요 국가로 엄연히 등재되어 있다. 좀 있다가 없어지더라도 아직은 많겠지? 넓이가 75만 평방킬로미터에 이르는 북해 전체에 13살 이상이 되는 대구는 단 100마리만 남은 것으로 추정되고 있다. 보통 연령이 높은 물고기가 활발한 번식활동을 함으로써 개체군을 늘리는 역할을 하기에 이 수치는 매우 심각한 의미를 지니고 있다. 더 이상 침묵하고, 외면하고, 모른 체할 수 없다. 우리에 의해, 지금, 그 수많은 물고기가 사라지고 있는 것이다.

당장 행동해도 모자랄 이때에도 우리 사회는 굼뜨기만 하다. 국내의 대표적인 참치 업체들은 2012, 2013년 그린피스의 지속가능성 조사 결과 전부 하위 등급을 받았다. 업계 1위인 동원은 과도하게 포획량을 증가시키고, 위조된 어업권으로 조업을 하는 등 2년 연속 최하위를 기록하기도 했다. '지속가능한 수산업을 위한 새로운 발견'이라는 주제로 수협중앙회가 2011년에 개최한 '제1회 수산미래 포럼'에서는 바닷물고기의 감소를 걱정하는 발표는 눈에 띄지 않았고, 대신 "늘어난 고래는 솎아내 주어야 한다"는 제목의 발표가 버젓이 이뤄졌다. 절망 속에서 한 줄기 희망의 빛도 있다. 지난 3일에 국내 최초로 지속가능한 수산물 인증(MSC)을 받은 이른바 '착한 참치'가 출시되었다. 고무적인 일이 아닐 수 없다. 내 상처받은 영혼을 위로할 수 있는 바다와 '물생명'들의 평안을, 야생학교는 염려한다.

09

동물에게도 로열티가 있다

새해가 밝았다. 아니 벌써 한 달이나 지나가버렸다. 이번에는 좀 다르게 살아보리라, 각오를 제대로 다지기도 전에 달력은 성급하게 한 장을 넘기려 하고 있다. 그러나 시간의 무심한 흐름에 그냥 이대로 질 수는 없다. 이미 바쁜 일상이 올해에도 내 삶의 정권을 잡으려는 태세이지만, 나는 고집스럽게 시간을 내어 신년의 포부와 소망을 정리해 본다. 더 늦기 전에 말이다.

인간 중심으로 돌아가고, 인간의 이야기로 가득한 이 세상에서 자연과 동식물을 위해 목소리를 내는 일. 이것이 나만의 야생학교에 다니는 이유이다. 어엿한 건물을 갖춘 그런 물리적인 형태의 진짜 학교는 아니지만, 나에게 배움과 사색과 창조가 가능한 곳이면 그곳이 어디든 학교라 불러도 좋을 것이다. 시험이나 입시 따위는 아예 언급조차 되지 않고, 모든 것이 진정한 의미에서 자율학습이고, 숙제는 스스로 부과한 것 외에는 없는 곳. 그런 학교라면 세태가 어떻든 근본적이고 중요한 이야기들을 제대로 펼칠 수 있으리라. 어느 분야에서든 가장 낮은 우선순위가 부과되는 인간이 아닌 생명에 대해, 마치 그것이 가장 중차대한 대상인 양 다룰 수 있으리라. 적어도 야생학교에서라면 말이다.

그런데 혹자는 묻는다. 현대인에게 야생이 뭐가 중요하냐고? 대체 도시인의 삶 어디에 야생과 맞닿은 지점이 있느냐고. 저 먼 산속이나 국립공원에야 있겠지만 그거야 정부나 전문가들이 알아서 할 일이고, 대다수와는 무관하지 않느냐고. 실제로 많은 이들의 집과 직장 사이의 왕복 구간에 살아 숨 쉬는 야생의 무엇이 딱히 있는 것은 아니다. 따지고 보면 까치나 개미와 같은 이웃사촌도 야생이긴 하지만, 느낌이 전혀 다르다. 눈을 씻고 찾아봐도 정말 '짐승다운' 야생의 생물은 나의 주변에 없다.

그런데 잠깐. 분명히 없는데도 계속해서 보인다. 계속해서 들린다. 그림으로, 상징으로 우리 주변에 넘쳐흐른다. 팀의 마스코트로, 기업의 로고로, 브랜드의 이미지로, 야생 생물은 끊임없이 회자되고 활용된다. 특히 동물이 주를 이룬다. 곰표, 토끼표, 노루표, 캥거루표, 제비표 등 무척이나 다양한 업종에서 동물들은 자신들의 의지와 전혀 관계없이 특정 회사의 얼굴마담 노릇을 하고 있다. 야구장에서는 사자와 호랑이와 곰과 독수리가 각축전을 벌이고, 온라인 세계에서는 새들의 입을 빌려 조잘대고 펭귄과 여우 브라우저로 인터넷을 검색한다. 실재하지 않는 대신, 야생동물은 상표로서 우리 대다수와 매우 깊이 유관하다.

개, 돼지, 닭처럼 오래전부터 인간과 역사를 함께해 온 가축의 경우는 사정이 다르다. 인간의 돌봄에 몸을 맡기며 야생성을 잃어버린 이 동물들은 인간의 일에 좀 쓰이더라도 크게 억울하지는 않을 것이다. 그러나 대부분의 야생동물은 인간에게 직접적인 손해를 본 피해자들이다. 기업의 경제활동은 기본적으로 자연 자원의 활용을 의미하고, 그 귀결은 아주 단순화하면 야생동물의 서식지 교란 또는 파괴다. 그런데 무슨 이유에서인지, 야생동물은 자신들의 안녕에 반하거나 최소한 안녕과 무관한 기업의 상징으로 아주 흔히 사용되고 있다. 아무도 나서는 동물이 없어서 그렇지, 초상권 또는 명예훼손 등의 명목으로 충분히 고소할 만한 일이다. 대체 우리를 위해 해준 게 뭐 있냐면서 말이다.

해준 게 있는 기업도 있다. 야생동물의 이름 또는 형상을 기업의 간판으로 활용하면서 그 '사용 대가'로 그 동물의 보전 활동에 기부하고 지원하는 사례가 있다. 가장 대표적으로 영국의 고급 자동차 브랜드 재규어를 들 수 있다. 1922년 세워진 이 회사는 원래 이름이 제비였다가 1945년 재규어로 공식 명명되었다. 재규어의 창립자는 이 동물의 힘과 기민함, 우아함과 아름다움에 감탄해 이 이름을 채택하게 되었다는데, 1980년대부터 재규어와 재규어의 서식지 보전에 힘써왔다. 중앙아메리카의 벨리즈, 코스타리카, 과테말라의 열대우림에서 활동하는 환경 단체를 지원하며 재규어를 위한 각종 보전 사업을 펼치고 있다. 특히 벨리즈에서는 세계 유일의 재규어 보호지를 30배 확대해 무려 400제곱킬로미터가 넘는 면적의 정글을 보호하는 데 기여했다.

유명한 스포츠 브랜드인 퓨마도 좋은 예이다. 퓨마는 지속가능한 경영의 선두 기업으로서 탄소 절감 등에 앞장서는 것은 물론, 유엔환경계획과 함께 아프리카 잠비아의 사자와 라이베리아의 코끼리, 나이지리아의 고릴라 보호 활동을 펼치고 있다. 정확히 퓨마를 보호하는 데 치중하기보다는 야생동물을 두루두루 보호하는 일에 나서는 다소 특이한 케이스다.

반면 프랑스의 보석 브랜드인 까르띠에는 주는 것 없이 표범을 광고에 활용해서 반대 서명운동의 표적이 되기도 했다. 야생동물을 '무상으로' 활용하는 한국의 기업도 이 야생 로열티를 내야 하는 날이 그리 머지않았다. 잊힌 야생 동식물의 권리를 찾기 위해, 야생학교는 힘차게 출발한다.

10

즐거운 교감? 강요된 스킨십!

어이쿠, 저기도 망했네! 여긴 또 언제 바뀌었나? 길거리를 걷다 다반사로 터져 나오는 말이다. 오랫동안 한 자리를 지키며 추억의 장소가 되어주는 공간이란 이제 거의 찾아볼 수 없게 되었다. 어찌나 쉽게 망하고 생겨나고 또 망하는지, 요즘에는 어느 가게에 정 붙이기도 전에 간판이 내려져 있기 십상이다.

반면 눈에 띄게 점점 많아지고 있는 곳도 있다. 그중 대표적인 것이 바로 카페다. 우리나라에 커피를 좋아하는 인구가 저렇게 많았나 싶을 정도로 우후죽순 생겨나는 카페는, 주력 상품의 사회적 선호도와 무관한 또 한 가지 질문을 불러일으킨다. 카페가 누군가와 만나 차를 마시며 이야기하는 곳이라면, 카페가 증가해서 사람들 간의 대화도 증가했을까? 서로 마주보고 놓인 저 수많은 의자들은 그곳에 앉은 이들로 하여금 더 원활한 의사소통과 더욱 깊은 교감을 가능케 하였을까? 말하자면 대화와 소통의 하드웨어는 증강된 셈인데, 과연 소프트웨어는 그 변화를 따라오고 있는지, 그것이 문제로다.

소통이라는 화두를 머릿속에 굴리다, 누군가가 켜놓은 텔레비전에 화들짝 놀란다. 아니 경악을 금치 못한다. 동물과 아이들 사이의 '교감'을 표방한 프로그램, 〈슈퍼맨이 돌아왔다〉를 본 것이다. 이 프로그램이 말하는 교감은 가령 이런 식이다. 아이들이 어느 수족관에 가서 돌고래와 '친구'가 되는 내용인데, 돌고래들은 '환영 인사'로 꼬마들을 '반기며' 그들을 '마음에 들어'한다. 돌고래는 '함께 놀자'며 아이들과 '대화'하고, '완벽한 교감'을 나눈 나머지 뽀뽀까지 한다. 물론 이 모두는 돌고래의 의사와 무관하게 프로그램에서 내보낸 자막일 뿐이다. 당연히 돌고래를 연구하는 과학자는 이 과정에 전혀 관여하지 않는다. 그리고 물론 이 돌고래들은 야생에서 잡혀와 좁은 사육장 안에 갇힌 신세로, 자유의지에 의해 제작진 및 출연진과 만나고 있는 것이 아니다.

뭘 그렇게 까다롭게 구나? 혹자는 말한다. 어쩌다 한두 번 있는 일이라면 그럴지도 모르겠다. 그러나 이 프로그램은 거의 정기적으로 수차례에 걸쳐 이른바 동물과의 '교감'을 핵심 주제로 삼아 방송을 제작해 왔다. 교감의 대상도 기린, 사슴, 말, 펭귄, 물고기, 가오리, 오랑우탄 등 다양한데, 전부 인간이 인간 마음대로 부여한 감정 상태가 그 동물 본연의 것인 양 묘사하고 있다. 신체적 접촉이 동물에게 스트레스를 준다는 사실은 안중에도 없고, 사육사가 붙들어둔 상태에서 만지는 것까지 포함하여 모두 이 프로그램에서는 훌륭한 '교감'이다. 직접적으로는 별로 해가 될 것 같지도 않은 자막 추임새는 바로 이런 점에서 문제가 되는 것이다. 동물의 실제 상태와는 무관하게 마치 동물이 이 '교감'을 인정하는 듯한 인상으로 사실을 왜곡하기 때문이다.

반대의 경우도 있다. 동물이 마치 너무 '짓궂거나' 심지어는 윤리적으로 나쁜 행동을 한 것처럼 그리기도 한다. 오랑우탄 쇼에 간 한 아이가 손에 들고 있던 과자를 오랑우탄이 가져가자 제작진은 기다렸다는 듯이 과자 '뺏기'와 '강탈'이라고 지적한다. 마치 동물의 세계에 인간의 도덕이 적용되기라도 하는 것인 양 말이다. 동물이 무슨 짓을 하건, 어떤 상태이든 간에, 그들은 신과 같은 제작진이 붙이는 딱지에 따라 좌지우지되는 존재로 치부된다.

교감은 서로 감응한다는 뜻이다. 동물들은 아이들과도, 제작진과도, 시청자와도 전혀 감응하고 싶어 하지 않는다. 그들은 그저 자유롭고 싶을 뿐이다. 방해받고 싶지 않을 뿐이다. 오직 한쪽에서 느끼는 즐거움만을 바탕으로 상대편도 마찬가지일 것이라 치부하는 것은 폭력이며, 이를 줄기차게, 일방적으로, 아름답게 포장하는 행위는 동물을 모르는 순진함과도 거리가 먼 뻔뻔하고 저속한 상업주의에 불과하다. 인간 사회에서는 이런 일이 벌어질 때마다 그토록 분노하면서, 어째서 그 시퍼런 유사성을, 아니 그 근본적 동질성을 눈치채지 못하는가? 바로 우리 사회에 만연한 성범죄가 가장 가까운 예다. 열이면 열, 가해한 쪽에서는 합의하에 이뤄진 행동이라고 주장한다. 말하자면 '교감'이었다는 뜻이다. 아니면 적어도 '싫어하지는 않았다'는 식의 논리로 자신을 정당화한다. 물론 피해자 쪽의 입장은 이보다 더 멀 수가 없다. 자신의 의지와 무관하게 당한 폭력에 교감과 같은 단어가 쓰이는 것 자체에 몸서리가 쳐질 것이다.

동물은 말로 자기변호조차 할 수 없는 존재다. 게다가 '교감'의 의무가 부여된 거의 모든 동물은 자연 서식지와 비교조차 될 수 없는 좁고, 인공적이고, 열악한 환경에 놓여 있다. 그중 어떤 곳, 특히 오랑우탄 쇼가 벌어지는 일산의 테마동물원 쥬쥬는, 동물보호단체가 고발까지 했을 정도로 동물의 감정이나 안녕 따위는 전혀 뒷전인 곳으로 정평이 나 있다.

이런 공간을 정당화시켜주는 듯한 측면도 이 프로그램의 무수한 문제 중 하나에 불과할 뿐이다. 한편에서는 거짓으로 강요된 교감이 오락거리로 회자되면서, 다른 한편에서는 동물이 마치 아무 감정도 없는 존재인 양 전제한 공장식 사육을 자행하는 것이 우리의 현실이다. 이런 행태는 이제 모두 중단되어야 한다. 교감이라는 미명 뒤에 감춰진 강요된 스킨십이 사라질 때까지, 야생학교는 진군한다.

11

물고기가 아닌 '물살이'로 불러다오

도심의 빌딩 숲에 폭 파묻혀 자동화된 세계 속에 사는 사람이라도 자연을 접하지 않고 지내는 날은 단 하루도 없다. 아니 하루가 멀다 하고 만나고 또 만난다. 누구든 일상생활에서 동식물을 가장 자주 접하는 곳, 다름 아닌 바로 밥상이다. 산에서 뜯은 나물, 흙에서 자란 채소, 그리고 바다에서 건진 생선. 서식지로부터 그릇 위까지 긴 여행을 마친 여러 종의 생물이 하루에 세 번 또는 그 이상, 우리와 마주한다.

웬만한 한국인의 식탁은 단일 먹거리가 아닌 최소한의 생물다양성이 나타나는 식단으로 구성되어 있다. 물론 원재료가 연상이 잘 안 되는 음식도 많다. 가공이 많이 된 식품일수록 원래의 모습과 멀어져서 실제 동식물과 만나는 듯한 느낌은 적어진다. 요즘 각광받는 홀 푸드(whole food, 자연 그대로의 맛을 살린 음식)나 매크로바이오틱(macrobiotic, 제 땅에서 나는 제철 농산물을 줄기, 뿌리, 씨앗, 껍질까지 가능하면 버리지 않고 통째로 먹는 식사법) 식품은 건강을 위한다는 측면도 있지만, 무엇을 먹는지 제대로 인식하면서 먹게끔 해주는 측면도 있다. 그래서 식탁을 조금만 달리 보면, 자연과 야생이 보이기도 한다.

개중 눈에 띄는 게 하나 있다. 상에 올라오는 음식 중 가장 온전한 형태를 띠고 있어 그것이 자연으로부터 온 하나의 생명임을 모르려야 모를 수 없는 것. 바로 물고기이다. 잘라서 조리하기도 하지만, 머리부터 꼬리까지 고스란히 통째로 선보여지는 경우도 많다. 오늘날은 쌀이 나무에서 자란다고 생각하는 일명 '벼나무' 세대가 사는 시대이지만, 제아무리 무관심한 이라도 눈앞의 생선 구이를 보고, 젓가락으로 뼈를 바르며, 그것이 어딘가에서 잡아 올린 어떤 특정한 '놈'이라는 것을 안다. 알지만, 동시에 알지 못한다. 물고기는 이미 너무나도 음식물과 동격이 되어서다.

살아 있든 죽어 있든, 조각이든 완전체이든, 물고기는 동물이 아닌 먹을거리로만 인식된다. 사람들은 돼지나 소 자체를 보며 맛있어하지는 않는다. 오히려 고기 조각이 아닌 살아 있는 형태로 가축을 만나면 커다란 눈망울이나 귀여운 몸동작을 보며 이들도 생명이라는 깨달음에 정신이 환기되기도 한다. 그러나 어류는 본래의 모습 그대로일 때에도 횟감일 뿐이고, 매운탕거리일 뿐이다. 자유로운 주체로서의 생명이 아니라, 먹히기 위해 존재하는 대상인 것이다. 이름부터 수중(水中)에 있는 고기. 물고기. 밥의 신세. 찬밥신세.

봄이 막 고개를 들기 시작한 몇 주 전, 나는 한국의 민물고기와 평생을 함께해 온 한 청년을 만났다. 우리는 멸종위기종 2급인 꾸구리와 돌상어를 조사하러 섬강으로 향했다. 여주와 원주의 경계 부근, 섬강과 남한강이 만나는 곳 어딘가에 이 귀한 어류가 제법 산다는 것이었다. 하지만 그날은 출발부터 심상치 않았다. 멸종위기를 알리기 위해 그가 설치해놓은 현수막은 며칠 전 불어닥친 강풍에 찢겨 바닥에 나뒹굴고 있었다. 잔해를 추스르자 강변 가까이에 주차된 트럭이 눈에 들어왔다. 강 중간에 몇 명이 이미 배를 띄워 뭔가 작업을 하고 있었다. "안 그래도 그물이 쳐진 걸 봤었는데, 저 사람들 것인가?" 청년은 우려 섞인 눈으로 그들을 바라보다가, 곧 조사에 착수했다. 그러나 결과는 실망스러웠다. 평소에 잘 발견되던 곳도, 산소가 풍부한 여울에서도, 꾸구리는 몇 마리도 채 나오지 않았다.

대체 원인이 뭘까? 그때 강바닥을 헤집어놓은 듯한 퍽 넓은 지역을 발견했다. 이야기인즉슨, 이른바 '오프로드' 전용 4륜구동 자동차를 몰고 강안에까지 들어온 자국이란다. 아연실색하고 있을 때, 어부들은 망을 꺼내기 시작했다. 나는 13개까지 세고 그만두었다. 저편에서는 누군가가 낚시를 하고 있었다. '낚시 금지'라고 적힌 낡은 표지판 하나가 덩그러니 강바람을 맞고 있었다.

물고기는, 아니 어류는, 여느 생명 못지않게 신비로운 동물이다. 어류는 포식자에게 들키지 않기 위해 몸 색깔을 주변과 맞출 줄 알고, 위급할 때에는 죽은 척을 하기도 한다. 그들은 다른 어류의 성별이나 서열을 알아차리고, 과거의 라이벌이나 협력자를 기억하기도 한다. 또 어떤 어류는 기생충을 제거해 '의사 물고기' 역할을 하는 청소놀래기가 자기의 입속을 드나들도록 허락하고, 기생충이 아닌 살점을 뜯어먹는 '반칙'을 범하면 바로 '치료받기'를 중단해버린다. 눈이나 옆줄을 사용할 때 좌우 중 한쪽을 선호하는 이른바 '왼쪽잡이'나 '오른쪽잡이' 물고기도 있다. 각종 굴, 은신처를 집으로 삼는 것은 물론 수생식물을 엮어 건축을 할 줄도 알며, 세간의 편견과는 달리 기억력이 수일 또는 수주까지 미치기도 한다. (물론 고등한 행동 양상을 나타내야지만 어엿한 생물로서의 지위가 주어진다는 뜻은 아니다.)

이토록 오묘하고 멋진 생명인데도, 그저 초장에 찍어먹을 재료

정도로만 치부되는 어류의 사회적, 문화적 지위를 보면 너무나도 안타깝다. 꾸구리의 수가 줄어들고 있는 섬강은 어류학회가 발표한 2011년 논문에서도 서식지로서의 중요성이 인정된 곳이다. 그러나 과도한 어업 행위와, 믿을 수 없이 파괴적인 취미 활동이 버젓이 벌어지고 있는 곳이기도 하다. 어디 이곳 하나뿐이랴. 우선 이름부터라도 물고기를 더 이상 물고기라 부르지 말고, '물살이'로 재명명하길, 야생학교는 제언한다.

12

동물의 노동권

평화롭던 공간에 느닷없는 괴성이 울려 퍼진다. 곧이어 고요함을 날카롭게 가르는 소리가 또다시 들려온다. 실체가 애매했던 소음은 이제 분명한 언어로 구성된 고함소리라는 것이 확인된다. 누군가가 공공장소에서 고성을 지르고 있는 것이다. 몇 초만 들어보면 감이 온다. 이른바 말하는 '진상 손님'이 또 출현했다는 사실에. 어디를 가도 이들로부터 자유로울 수 없다. 식당, 카페, 마트, 버스, 지하철, 주차장, 심지어는 비행기까지. 서비스업이 존재하는 한 어디든 '진상'은 활개를 친다. 그들의 무례함과 뻔뻔함 때문에 서비스업계 종사자는 물론 일반 소비자마저 감정 노동에 시달릴 판이다. 마치 천하의 중죄를 저지르기라도 한 것처럼 종업원을 닦아세우는 손님 때문에 불편했던 경험이 없는 이는 없을 것이다.

하지만 뚜렷한 대책이 없다. 막무가내의 행동 기저에 깔린 기본 논리가 실은 이 사회의 근간을 이루는 바로 그것이기 때문이다. 돈을 냈으면 그에 응당한 권리는 반드시 100퍼센트 챙기겠다는 심리만큼 정당한 것이 또 있을까? 재화와 용역의 금전적 교환이라는 철칙 앞에서는 그 어떠한 수모와 비애도 감수해야 마땅한 세상이다. 손님은 왕, 고객 만족은 최고의 가치. 닥치고 일이나 할지어다.

이와 같은 경제 논리에 수긍하며 사는 모든 사람들은 싫든 좋든 따라오게 되어 있다. 그러나 사실상 서비스업에 속해 있지만 속성이 전혀 다른 '노동 계층'이 있다. 자신의 의사와 무관하게 업계에 '종사'하고 있는 이들은 뭣도 모르고 전시, 교육, 심지어는 쇼비즈(Show-biz) 영역에서까지 그 노동력을 착취당하고 있다. 물론 계약서에 사인을 한 적도 없고, 4대 보험의 혜택을 누리는 것도 아니다. 잘살고 있다가 그저 재수 없게 잡혀와 주야장천 고객을 상대해야 하는 이주 노동자, 바로 동물이다.

그들의 대표적인 일터는 동물원이다. 임무는 간단하다. 그냥 살아 있으면 된다. 목숨 자체가 재화이자 용역인 셈이다. 죽지 않고 살아 있기만 하면 해고당하지 않고 밥벌이는 할 수 있다. 자연 상태에서 이들은 다른 생물의 시선을 피하면서 사는 것이 기본이다. 특히 잠재적인 포식자인 덩치 큰 직립 생물이 노려보는 것을 달가워할 동물은 단 한 종도 없다. 하지만 이 업계에 종사하는 이상, 야생동물들은 그들이 가장 필요로 하는 은닉과 프라이버시를 송두리째 내동댕이쳐야 한다. 사람들에게 보여야 하기 때문이다. 입장료가 얼마인데. 게다가 만성 적자와 인력 부족 그리고 전문성 부족에 시달리는 동물원들은 보통 이들의 근무 조건이나 복지 향상에 신경 쓸 여지가 없다. 정글 출신이든 사막 출신이든, 야행성이건 주행성이건 가리지 않고 이들에게는 시멘트 바닥과 쇠창살, 단순하기 짝이 없는 집무실이 제공된다.

사회생활이나 결혼 등에 대한 자유가 없음도 물론이다. 마음에 안 맞는 상대라도 그나마 주어지면 운이 좋은 편이다. 홀로 쓸쓸하게 짧은 '수생(獸生)'을 마감하는 일이 허다하니 말이다. 이 정도면 감정 노동이라기보다는 존재 노동이라 불러야 더 적확하지 않을까. 죽지 못해 산다는 것은 바로 이런 것이다.

물론 동물원이 죄다 똑같은 수준으로 열악한 것은 아니다. 개중에는 좀 더 나은 환경과 관리 방침으로 운영되는 곳도 있긴 하다. 그러나 문제의 속성과 양상의 측면에서 보면 동물원 간의 수준 차이는 크지 않다.

최근 동물보호단체 '동물을 위한 행동'에서 발간한 동물원 조사 보고서에 따르면 국내의 모든 민영 및 공영 동물원에서 생태적이지 못한 전시 환경, 정형행동(틀에 박힌 것처럼 똑같이 반복하는 행동. 생태적으로 발생하기도 하지만 흔히 인간에 의해 야생이 아닌 격리 시설에 갇힌 동물들에게서 나타난다)의 만연, 부족한 행동 풍부화, 체계적이지 않은 개체 수 조절, 예산 확보의 어려움 등의 문제가 일관되게 발견된다. 좁고, 낡고, 더럽고, 어둡고, 무료하고, 황량하고, 답답하고, 관람객에게 무방비로 노출된 사육장이 아직도 너무 흔하다.

게다가 여러 동물원은 동물에게 무리한 '추가 근무'를 강요한다. 이른바 쇼에 차출되어 자신의 생태와 전혀 무관한 행동을 해야 하거나, 불특정 다수에게 마구잡이로 만져지도록 몸을 내맡겨야 한다. 어찌 보면 어쩔 수 없이 유흥업소에 종사하는 사람들과 비견되는 신세다.

여기서 한 가지를 꼭 짚고 넘어가야 한다.

가두어져 산다는 것은 동물이 자연 상태에서 절대로 경험할 수 없고, 진화적으로 전혀 준비가 되어 있지 않은 그런 종류의 고통이다. 잡아먹히면서 몸이 뜯기는 고통, 산불이나 용암에 몸이 타는 고통, 질병의 고통, 물에 빠지거나 질식하는 고통, 모두 자연계에 원래부터 존재하며, 지구 역사상 모든 동물이 겪어왔다. 그러나 한 공간에 가두어진 채 먹이는 계속 주어져 죽지 못하게 만드는 고통, 이것은 전혀 새로운 것이다. 그래서 동물을 가둬 키우는 모든 행위는 실로 그들에게 미안한 일이다. 그러니 이왕 키울 거면 잘해줘야 한다. 이것은 우리의 당연한 사명이요 의무임을, 야생학교는 명심한다.

2

도시인의
자연
감상법

01

공원에서조차 자연은 힘들다

하루를 돌아보며 마음의 안정을 찾기 위해 나는 틈틈이 공원에서 산책을 즐긴다. 마음 같아서는 이야기책에 나오는 예쁘고 작은 오솔길이나 탁 트인 들판에 나가 홀로 호젓하게 걷고 싶지만, 도시에 살면서 내 구미에 딱 맞는 자연을 찾기란 지나친 욕심이다. 이 빌딩 천지에 간간이 주어진 녹지라도 사실 감지덕지다. 어떻게 이 땅만큼은 시멘트로 숨구멍이 막히지 않을 수 있었는지, 때로는 신기해하며 천천히 한 걸음씩 옮겨본다.

오늘 난 뭘 잘하고 뭘 못 했더라……. 그런데 정신 집중이 잘 되지 않는다. 복잡한 인간사를 피해 찾아온 곳인데 생각만큼 충분한 피난처가 되지 못하기 때문이다. 공원이란 단지 건물이 없는 공간이 아니라, 인공의 바다 한가운데에서 야생의 자연을 얼마라도 대표하는 곳이라야 한다. 쫓기고 쫓겨 마지막 살 곳을 찾아 모여든 도시의 여러 동물, 제아무리 꽃가루를 휘날려도 작은 종자 하나 뿌리내릴 곳 없어 허탈한 도시의 여러 식물이 잠시라도 쉬어가는 곳. 그런 곳이 공원이라고 나는 생각한다. 그리고 그런 곳이라야 공원을 찾는 우리도 마음의 평안을 얻을 수 있지 않겠는가. 얼핏 보면 나무도 많고, 풀도 많고 멀쩡해 보일지 모른다. 그러나 야생학교에 다니는 이의 눈에는 도시의 마지막 남은 이 녹색 무인도들이 못내 안타깝고 슬프기만 하다.

자연이 있어야 할 공원이지만, 흙이 그대로 드러나도록 둔 곳은 점점 찾아보기 힘들다. 보행자 배려와 관리의 편의를 위해 이곳마저 다양한 포장 자재로 덮여버린다. 도시에서 자연은 절대로 '생얼'을 드러낼 기회를 얻지 못하는 것이다. 식물이 싹을 틔우거나 동물이 굴을 파기 어려워지는 건 물론이요, 빗물이 내려도 골고루 적시지 못하고 배수로를 따라 빠져나간다. 많은 공원은 원래 있던 나무를 사용하지 않고 일단 갈아엎은 다음에 새로 심어서 나무가 작고 그늘이 적다. 다분히 인간 중심의 조경으로 인해 곤충이나 여러 무척추동물의 먹이가 될 만한 초본식물도 마찬가지로 희귀하다. 은신처로 삼을 만한 곳이 적은 것은 당연지사. 그나마 나무라도 몇 그루 심어져 있으면 다행이다. 공원의 가장 넓고 좋은 자리에 온갖 괴상한 모양의 운동기구가 설치되는 것도 예사이다. 이런 기구는 헬스장에 있어도 되지 않느냐는 말은 통하지도 않는다. 반드시 나무그늘 아래, 금쪽같은 녹지의 면적까지 빼앗아 가면서 있어야 한다. 사실 공원을 오로지 운동의 공간으로 여기는 사람이 많은 것을 보면 놀라운 일은 아니다. 파워 워킹에서 뒤로 걷는 사람까지, 손뼉 치며 가는 이에서 배를 두들기며 행진하는 이까지, 요란한 동작의 행렬이 공원을 수놓는다. 아니, 힘차게 걷는 것조차 잘못이냐고? 그 소리에 놀라 공원을 떠나야 하는 동물의 입장에서 보면 그럴 수 있다. 우리가 싫든 좋든 대부분의 동물은 조심스럽고 민감한 성격의 소유자들이다. 보행로를 벗어나 도토리나 은행을 줍지 말라고 당부하는 이유가 여기에 있다.

하지만 가장 깊은 슬픔을 자아내는 것은 이런 것들이 아니다. 바로 공원에서 버젓이 일어나는 말없는 살육, 그리고 이에 대한 사람들의 익숙함이다. 음침한 푸른빛의 형광등으로 곤충을 유인해서 전기로 죽이는 기계는 요즘 흔히 발견할 수 있다. 주기적으로 틱, 틱, 하는 소리를 내며 존재감을 알리는 이 흉측한 기계 밑에는 다양한 곤충의 사체가 덩그러니 널린다. 물론 모기와 같은 이른바 '해충'을 죽이기 위한 목적으로 설치된 것이다. 심지어는 우리 공원에는 왜 안 설치해 주냐고 민원을 올리는 사람도 있다. 그러나 이 퍼런 사형장 덕분에 모기로부터 자유로워진 이는 아무도 없으며, 이것이 모기만 골라 죽이는 것도 아니다. 결국 나방과 하루살이까지 무더기로 희생됨으로써 새나 박쥐 등 다른 동물의 먹잇감만 감소시킬 뿐이다. 공원의 생물다양성이 감소하는 것은 너무나도 당연한 결과다. 공원에 누가 사는지조차 우리 인간이 결정할 것인가.

당신은 모기 안 죽이고 삽니까? 당연히 예상되는 첫 질문이다. 물론 죽인다. 사실 열대지방에서 오래 산 덕분에 나는 둘째가라면 서러울 모기 사냥 실력의 소유자이기도 하다. 그러나 자연은 모기의 집이기도 하다는 사실을 나는 인정한다. 내 허벅지에 앉은 놈을 잡는 것과, 모기를 비롯해 여러 곤충 이웃을 지속적으로 죽이는 장치를 그들의 집에 설치하는 것은 전혀 다르다. 잠시 자연으로 돌아가는 공원의 산책로에서 자연이 죽는 소리가 들려서는 안 된다고, 야생학교는 말하고 싶다.

02

노는 땅은 없다

한국어에 있는 말 중에서 외국어로 정확하게 옮기기가 어려운 단어가 간혹 있다. 가령, '여유'라는 말에 꼭 맞는 영단어를 찾기란 여간 어려운 일이 아니다. 시간이나 공간의 여유와 같은 물리적인 개념을 영어로 표현할 때는 그나마 가능하지만, 생활의 여유와 같은 용법으로 쓰일 때는 직역이 거의 불가능하다. 일대일 대응이 되는 단어를 찾는 대신 대충 풀어서 쓰면 물론 의미는 전달된다. 하지만 말이라는 것은 전하고자 하는 메시지 못지않게 그 표현의 맛과 느낌도 중요하다. '멋'도 마찬가지라 할 수 있다. 의복의 멋이야 '스타일'로 대체하면 되지만, '멋을 아는 사람'이라 할 때는 딱 맞는 영단어가 떠오르지 않는다. 평소 사용하는 어휘 중 이런 말이 많은 사람은, 외국 사람과 이야기할 때 말문이 툭툭 막히는 경험을 하기도 한다. 그래도 한편으로는 좋기도 하다. 왜냐하면 우리는 '멋'과 '여유'를 아는 민족이고, 일상생활에서도 자주 거론될 만큼 그 개념이 익숙해서 단어로도 정비해놓았다는 사실을 깨닫기 때문이다.

그런데 같은 상황이라도 별로 자랑스럽지 않은 경우도 있다. 버젓이 쓰이는 우리말인데 어째 외국어로 말하려니 쑥스럽거나 창피한 단어가 있다. 그 대표적인 예가 바로 '나대지' 혹은 '노는 땅'이라는 말이다. 버스나 전철을 타고 가다가 공터 같은 곳을 지나치면 아저씨들이 이 단어를 쓰는 것을 엿들을 수 있다. "여기 전부 노는 땅이야!" 부동산에 들어가 상담을 받다가도 이 단어가 으레 몇 번은 등장하기 마련이다. 무엇보다 건설이나 투자에 밝은 사람들의 입에 자주 오르내린다. 적어도 내가 아는 바로는 영어에 황무지를 뜻하는 'wasteland'는 있어도 땅이 놀고 있다는 표현은 없다. 직역을 하면 'playing ground'이지만 이건 놀이터를 의미한다. 한마디로 우리말로 '논다'는 말이 가지는 약간의 부정적 색채가 가미된 의미로는 더더욱 영어 번역어가 존재하지 않는다. 건물이나 담, 또는 그 밖의 인공물이 없는 땅을 가리켜 우리는 그 땅이 '놀고 있다'고 이야기한다. 초목이 바람에 나부끼고, 돌 위에는 잠자리가 휴식을 취하고 있지만, 놀고 있다. 버섯이 포자를 터뜨려 날려 보내고, 새들이 열심히 먹이를 찾고 있는 곳이지만, 놀고 있다. 광합성에 의해 탄소가 저장이

되고, 물과 무기물이 토양에서 순환되고 있지만, 여전히 이곳은 놀고 있다.

과연 뭘 그리 놀고 있을까? 한번 들여다볼 일이다. 이 말을 쓰는 사람들, 부동산업자와 건설 투자가의 말을 문자 그대로 받아들여 자연이 어떻게 팔자 좋게 놀고 있는지 살펴보도록 하자. 실제로 동물의 놀이행동은 중요한 생물학 연구 분야 중 하나다. 놀이는 동물 신체의 성장을 돕고, 성체가 되었을 때 필요한 각종 사냥, 도피, 교미 행동 등을 미리 연마하게 해준다. 또한 놀이를 통해 집단의 여러 구성원들을 알게 돼 장차 사회구조에 무리 없이 편입될 수 있다. 뿐만 아니라 놀이는 자신의 신체적 움직임에 익숙해지고, 환경에 대해 배우며, 정신건강의 증진을 가져오기도 한다. 놀이 행동은 거의 모든 포유류에서 나타나고, 새에서는 까마귀과와 앵무새, 코뿔새 등 몇몇 분류군에서 관찰된다. 동물이 논다는 것은 그들의 심리 및 생리 상태가 양호하다는 인자로 받아들여지고 있어, 사육시설의 질을 평가하는 데에도 쓰이고 있다.

그렇다. 이른바 노는 땅이라는 곳에서 동물들은 실제로 놀고 있을 것이다. 놀기만 하는 것은 물론 아닐 것이다. 밥도 먹고, 보금자리도 찾고, 짝짓기도 하고, 잠도 잘 것이다. 중요한 것은 노는 행위조차 자연의 일부이며 자연이 돌아가는 방식 중 하나라는 것이다. 문자 그대로의 의미에서건, 비유적인 의미에서건 마찬가지다. 인간이 지은 구조물이 없다고 해서 땅이 낭비되고 있다고 생각해서는 안 된다. 보통 그렇게 불리는 땅은 여지없이 자연이 조용히 돌아와 있는 곳이다. 사람들이 잠시 잊은 틈을 타서 동식물이 소박하게 이사를 와 있는 공간이다. 시간만 충분히 주어진다면 머지않아 훌륭한 숲이나 습지가 될 수도 있다. 인간에 의해 변형된 곳에 간섭을 최소화한 상태에서 자연이 스스로 야생의 모습을 되찾도록 하는 것을 영어로 'rewilding'이라 한다. 마땅한 번역어가 무엇인지 난 아직 못 찾고 있다. 이름이야 아무래도 좋다. 자연이 팽팽 놀고 있든, 열심히 일하고 있든, 우리 인간이 함부로 판단하지 말고 조용히 지켜보는 자세만 있으면 족하리라. 노는 땅은 없다. 야생학교는 외친다.

03

소리도 상처가 된다

이미 비좁을 대로 비좁아진 도시에 살고 있지만, 우리는 여전히 아주 약간의 프라이버시라도 얻기 위해 호시탐탐 기회를 노린다. 지하철 의자의 가장 끝자리는 적어도 한쪽은 누군가와 부대끼지 않아도 된다는 이유 하나 때문에 모든 승객들의 제1지망 좌석이다. 버스에 입장하는 사람들은 너나 할 것 없이 빈자리부터 골라 앉고, 일단 한 명씩 채워진 다음에 두 번째 착석 라운드가 시작되는 것이 보통이다. 원자 오비탈에 전자가 채워지는 방식을 설명한 훈트의 규칙과 닮아 학창 시절 화학시간에 자주 거론되는 예이기도 하다. 어찌 보면 거의 차이가 없는 옵션을 두고 벌이는 다소 우스운 경쟁이다. 하지만 인구과밀의 콩나물시루 속에 매일 산다고 해서 생명으로서 자존감과 존엄성 자체가 사라지지는 않는다. 오히려 무수히 많은 타인과 수시로 개인 영역을 겹치게 됨으로써 의도치 않은 침범이 빈번해지고, 그로 인해 만인이 느끼는 속상함과 불쾌감은 온실가스만큼이나 왕성하게 생산되고 있다.

눈에 보이는 공간의 문제는 바로 가시적이기 때문에 최소한의 원칙은 지켜진다. 말하자면 내가 자리에 먼저 앉은 이상 적어도 누군가 무턱대고 내 허벅지 위에 앉지는 않는다는 것이다. 물론 이것도 100퍼센트 보장할 수 없지만 웬만해서는 그렇다는 말이다. 그런데 소리에 관해서는 이야기가 완전히 다르다. 원치 않는 음성신호가 제멋대로 내 청각기관 안을 헤집고 들어오는 일은 엄연히 개인의 고유영역을 침투하는 것인데도 마치 물리적 영향이 전혀 없는 것처럼 다루어지고 있다. 타인이 낸 소음이 내 귓바퀴에 닿을 때 '찰싹' 하는 소리가 나지 않아서일까? 만약 소리를 손으로 만질 수 있다고 가정한다면 다음과 같은 일이 비일비재로 일어나는 셈이다. 옆 사람을 툭툭 건드리거나, 꼬집거나, 귀찮게 구는 일 정도는 예사. 지하철 한 칸에 탄 모든 사람들을 집단폭행하는 것과 진배없는 야만적 행위도 다반사이다. 게다가 소리의 크기 또는 강도만이 문제가 아니다. 본인들이 나서서 개인 정보를 유출하지 않나, 조금도 듣고 싶지 않은 대화의 내용을 무시하기 위해 안간힘을 써야 한다.

대중교통 수단에서는 그나마 소음이 당당한 문젯거리로 취급을 받는다. 층간소음, 실외기로 인한 소음 등도 제대로 해결되려면 한참 멀었지만 사회적 반응이 느릿느릿하게 일어나고는 있다. 그러나 진정한 소음의 사각지대가 하나 있다. 바로 길거리이다. 가장 심한 이동통신 매장을 비롯하여 술집, 화장품가게, 슈퍼, 심지어는 노래방까지 누군가의 그 부끄러운 가창실력을 버젓이 길가에 쏟아낸다. 분명히 임대한 공간 외에는 아무런 권한이 없는 이 상점들은 뻔뻔스럽게도 점포 바깥 공간도 자신의 소유로 여기고 있다. 길 쪽으로 온갖 소음을 내뿜는 것을 보면 그런 생각이 들 수밖에 없다. 이건 내 오디오 시스템을 이웃집 안방에다 설치해 놓는 격이다. 보행자는 대체 무슨 죄를 저질렀기에 이 소리 공격을 온몸으로 받으며 걸어야 하는가? 외부를 향해 소리를 트는 모든 행위는 타인의 음성학적 공간에 대한 불법점거이다. 물론 점포 앞 공간 자체를 점유하는 일도 불법이다. 거리에 물건을 내놓거나 간판을 설치하는 일은 모두 불법적인 도로 점용 행위에 해당되는 단속 대상이다. 이런 규칙이 조금도 지켜지지 않고 있다는 사실은 동네 한 바퀴만 돌고 와도 충분히 알 수 있다. 실제 공간도 그런데 소리까지 기대한다는 것은 무리라고 결론짓기 쉽다. 바로 이럴 때 눈을 돌려야 하는 곳이 자연이다. 우리가 무시하고 있던 것의 중요성을 늘 일깨워주는 곳이지 않던가?

그리 대단치 않은 문제로 치부되어온 소음은 2000년대부터 생물체에게 미치는 심각한 악영향이 본격적으로 밝혀지면서 이제 활발한 연구 분야로 자리 잡고 있다. 가령 도심에 사는 박새는 주변의 시끄러운 교통상황 속에서 의사소통하기 위해서 평소보다 높은 주파수로 노래한다는 것이 발견되었다. 이런 현상은 다른 여러 조류와 영장류, 고래, 설치류 등에서도 나타났다. 어떤 개구리는 차 지나가는 소리 때문에 이성의 짝짓기 노랫소리를 잘 듣지 못하거나 들어도 방향을 제대로 잡지 못했다. 초음파 대신 소리로 먹이를 포착하는 박쥐는 차량이 많은 도로를 피해 다녔고, 소음 때문에 포식자의 접근소리를 듣기 어려운 다람쥐들은 밥 먹다 말고 자주 고개를 들어 주변을 살펴야 했다. 동물에게서 경계 행동의 증가란 여타 섭생 또는 번식행동의 감소를 의미한다. 소음은 땅 위에서만 진동하지 않는다. 석유 및 가스 탐사에 쓰이는 음파, 군사 작전용 초음파, 그리고 대형 선박이 지나가면서 내는 소리는 수많은 고래들의 의사소통을 극심하게 방해함은 물론 청력 상실, 심한 경우는 죽음으로까지 내몰고 있다. 좀 시끄러워도 참으라고? 소음은 그 어느 환경오염 못지않게 심각한 현상이다. 이어폰을 꼽거나 눈살만 찌푸려서 될 일이 아니다. 말이 상처가 될 수 있다면, 소리도 마찬가지라고, 야생학교는 속삭인다.

04

수원청개구리를 굽어 살피소서

1795년 윤 2월 9일 아침, 정조대왕은 역사적인 수원화성 행차에 나섰다. 어머니인 혜경궁 홍씨의 회갑연을 베풀고, 동갑이었던 아버지 사도세자가 묻힌 현륭원에 성묘를 가기 위한 것이었다. 보통이면 이동하는 데 하루 정도가 걸리는 거리였지만, 노모의 건강을 염려한 왕은 여행을 이틀에 걸친 일정으로 잡았다. 악대의 연주소리가 울려 퍼지는 가운데 무려 6,000명의 신하로 구성된 이 성대한 행렬은 완행으로 화성행궁을 향했다. 옷깃이 스치고 흙을 지르밟는 무리의 소리가 지그시 봄 하늘을 메우고 있었다. 햇살은 부드러웠다.

물론 이 마지막 두 문장은 전혀 사실무근이다. 현장에 있지도 않았으면서 어떻게 분위기까지 알겠는가. 하지만 당시의 모습을 묘사한 정조대왕 능행도(正祖大王 陵行圖)를 보면 어렴풋이나마 그날의 정취를 상상하고 당시의 풍경을 재구성할 수 있다. 구경을 막지 말라는 정조의 지시 덕에 백성들이 행렬 양옆에 모여들었는데, 배경을 보면 드문드문 난 초가집들이 논밭이나 풍성한 수풀과 어우러져 있음이 잘 드러난다. 당연히 토지가 건물과 도로에 의해 압도된 요즘의 모습과는 너무도 거리가 멀다. 그래서 이러한 경관생태학적 근거를 들어, 비록 화가가 일일이 기록하지 않았더라도, 이 행렬의 구경꾼 무리 속에는 새와 곤충, 크고 작은 들짐승이 포함되어 있으리라 거의 확신하고 말할 수 있다.

그리고 또 한 가지를 짐작해본다. 그 가운데에는 수원청개구리도 있었을 것이라고 말이다. 수원청개구리? 수원에 사는 청개구리? 언제부터 동네마다 구별해서 부르기로 했나? 아니다. 청개구리와는 엄연히 구별되는 별도의 종이다. 구라모토 미스루라는 일본 과학자에 의해 1980년대에 수원에서 처음 발견되어 붙여진 이름. 유일하게 한국의 지명이 학명(Hyla suweonensis)에 반영된 개구리. 중국, 일본, 러시아까지 광범위하게 분포하는 청개구리(Hyla japonica)와는 달리 전 세계를 통틀어 한국의 중서부 일대에서만 존재하는 희귀 양서류. 지금은 환경부 지정 멸종위기야생동식물 1급이 되어버린 신세. 수원청개구리.

녀석들이 행렬을 봤을 것이라는 상상이 터무니없는 것만은 아니다. 양력으로 3월 하순경에 해당되는 행차일은 실제로 이들이 한창 활동할 시기이다. 행차 이튿째인 10일 오후에는 비가 내렸다는데, 정조는 신하들을 비 맞히는 것을 미안해하면서도 행차를 강행하였다. 흠뻑 젖은 논두렁과 밭두렁으로 기어 나온 구경꾼 중에 수원청개구리가 있었을 가능성은 제법 있다. 사실 이 개구리는 수원, 화성은 물론 파주, 시흥, 안성, 평택 등 경기도 일대에 두루 분포하기에 오가는 길에 한번쯤 지나치지 못할 이유가 없다. 그들이 알았건 몰랐건 말이다.

그런데 모른다는 것, 이것이 바로 문제이다. 수원청개구리는 청개구리와 외관상으로는 거의 똑같다. 전문가만이 볼 수 있는 미세한 형태학적 차이는 있지만 이 역시 완벽히 신뢰할 수 없어 정확한 종 동정은 DNA 분석에 의지한다. 딱 한 가지 분명한 차이점이 있는데 바로 소리이다. 수원청개구리가 내는 짝짓기용 울음소리는 일반 청개구리와 전혀 달라 누구나 훈련만 받으면 구별해낼 수 있다. 목소리는 다르지만 생김새가 같다는 이유로 존재조차 몰랐던 생물이다. 그래서 수원청개구리가 없어지고 있다는 조용하고 슬픈 사실도 거의 알려져 있지 않다.

나타남과 동시에 사라질 위기에 처하다. 참으로 기구한 운명이로다. 하지만 이는 다분히 인간의 시점에서 하는 말이다. 수원청개구리는 우리보다 훨씬 오래된 한반도의 주민이다. 청개구리와 진화적으로 분화한 시점인 약 700만 년 전은 인간이 침팬지와 갈라지기 시작한 때이다. 한민족이 그들의 존재를 깨달은 지는 겨우 30여 년이지만, 그들은 우리의 아둔한 인식과 무관하게 이 땅에 떡하니 있어왔다. 연못 등 자연 서식지의 파괴, 논 면적의 꾸준한 감소, 독성 농약의 사용, 도로에 의한 서식지 파편화 등 온갖 악재를 거치며 오늘날까지 힘겹게 명맥을 유지해온 생물이다.

하지만 이제는 힘에 부친다. 수원청개구리는 하필이면 유난히 개발에 취약한 종이다. 습지의 면적이 넓어야, 주변의 식생이 무성해야, 인간으로부터 멀어야 산다. 논둑 주변의 잡초를 바짝 베면 살기 힘들어질 정도로 '생태적 디테일'에 민감하다. 개구리 과학자 아마엘 볼체와 생명다양성재단의 최근 연구에 따르면 현재 국내 개체군의 규모는 총 742마리에 불과하다. 그나마도 대부분 여기저기 흩어져 고립된 개체들이다. 곧 닥칠지 모를 임진강 준설 사업으로 수원청개구리 최대 서식지 중 하나인 파주 마정리와 사목리의 논에 흙을 부어 메우겠다고 한다. 한국만의 고유한 양서류이자, 경기도 역사의 산증인인 수원청개구리. 이들을 보호할 지혜로운 어명이 내려지길 야생학교는 아뢰는 바이다.

05

도시 생태계 구성원의 의무, 공간 센스

어느 날 오후였다. 나는 지하철 입구로 나오는 에스컬레이터에 오르고 있었다. 지면과 시선이 점점 가까워오자 왼쪽 편에서 걸어오고 있는 비둘기 한 마리가 눈에 띄었다. 무슨 볼 일이 있는지 녀석은 종종걸음으로 전진하고 있었는데, 마침 그 동선은 느린 속도로 올라가고 있는 나의 궤적과 몇 초 후면 만나게 되어 있었다. 안 그래도 평소에 더럽고 징그럽다며 멸시당하는 불쌍한 비둘기를 놀라게 하기 싫었던 터라 나는 순간 멈칫 했다.

하지만 자동계단인지라 멈추지 못했고 비둘기와 정면충돌이 불가피한 순간이 다가왔다. 휙. 해결책은 간단했다. 마지막 순간에 나의 존재를 알아차린 비둘기는 '뒤로 돌아' 동작을 신속하게 취하면서 왔던 길을 되돌아갔다. 나는 머쓱하게 그의 작은 뒷모습을 바라보았다. 내가 양보하고 싶었는데.

하나의 공간을 두고 둘 이상의 생명체가 의도치 않게 '경쟁'하게 되는 이런 일은 너무도 흔해서 아예 깨닫지 못하는 경우가 많다. 대도시에서 삶이란 서로 이리저리 피하면서 군상과 부대끼는 일의 연속이다. 그러다 보면 정말 아무것도 아닌 작은 공간조차 힘들게 쟁취하고 지켜내야 하는 무엇이 된다. 만원 버스나 지하철에서 겨우 서 있을 만한 한 뼘 남짓한 곳을 사수하기 위한 투쟁을 안 해본 이는 없을 것이다. 우연히 같은 배를 탄 이들은 모두 각각의 자세와 점유 공간을 끝없이 미세 조정하며 도심 생태계라는 이 거대한 시스템이 돌아가도록 협조해야 한다. 우물쭈물하는 차 한 대 때문에 구간 전체가 정체되기도 한다. 한 사람 한 사람의 '공간 센스'가 얼마나 중요한지 모른다. 공간적 충돌을 최소화하고 우발적 공간 경쟁을 매끄럽게 해결하는 데 핵심 역할을 담당하는 것이 바로 구성원 각자의 민첩하고 섬세한 공간 감각이다.

비단 도심에만 국한된 이야기는 아니다. 수많은 생물이 한데 어우러져 사는 자연에서도 공간의 문제는 유효하다. 특히 생물다양성의 보고인 열대우림에서 이 현상이 잘 나타난다. 정글의 식물들은 토양과 햇빛을 얻기 위해 끝없이 경쟁하고 그 결과 수십 미터 높이의 나무들에 의해 빽빽이 덮인 수관부가 형성된다. 나무 기둥 중간중간에는 착생식물이 어지럽게 붙어 자라 잎 사이로 새는 햇빛을 낚는다. 어쩌다가 나무 한 그루가 쓰러지면 순식간에 생긴 정글의 구멍으로 쏟아지는 태양빛을 재료로 엄청난 식물의 생장 경주가 시작된다. 풍부한 식물들 사이에 사는 동물들도 공간에 예민하게 신경을 쓰며 밀림을 누빈다. 여기가 누군가의 영역은 아닌지 킁킁거리고, 보금자리에 딱 맞는 굴을 발견해도 일단 먼저 차지한 입주자가 없는지 조심스레 확인한다. 도시에 사는 우리처럼 야생동물들도 때로는 줄을 서기도 한다. 내가 연구를 했던 인도네시아의 열대우림에서는 랑구르 원숭이가 맛있는 과일을 먹기 위해 먼저 나무에 들어간 긴팔원숭이의 식사가 끝날 때까지 기다렸다 들어가곤 했다. 앞사람이 너무 오래 걸려 안절부절못하는 것까지 우리네와 닮았다.

수상(樹上)생활을 하는 긴팔원숭이는 한 마리가 앉으면 폭을 거의 다 차지하는 나뭇가지에서 일상을 보내다 보니 유달리 공간 감각이 좋다. 놀고 쉬고 털 고르면서 서로 건너뛰고 올라가고 넘어가고 하는 게 가관이다. 하지만 자세히 보면 그 좁은 공간에서 긴밀히 협력하는 것이 보인다. 위로 넘어가도록 살짝 숙여주고, 지나가도록 옆으로 몸을 바짝 붙인다. 동물들에게도 공간 센스는 삶의 일부이다.

더 많은 사람들이 모여 사는 오늘날의 세상에서 공간은 점점 더 희귀한 자원이 되어가고 있다. 그럴수록 공간 센스는 더 절실히 요구된다.

그런데 예상치 못한 복병의 출현이 도심 생태계에 정체와 혼란을 빚고 있다. 바로 스마트폰이다. 이어폰으로 틀어막은 귀와 화면에 고정된 눈, 현대인의 감각기관은 더 이상 열려 있지 않다. 앞뒤 좌우 누가 어떻게 움직이고 있는지 전혀 살피지 않는다. 바로 옆에서 벌어지는 공간의 부족을 완화시키기 위한 일말의 동작도 하지 않는다. 걸을 때조차 눈을 뗄 수 없는 스마트폰 때문에 진행은 느리고 바쁜 사람은 뒤에서 발을 구른다. 내가 내 전화기 보겠다는데 무슨 죄인가? 혹자는 반문한다. 공간 센스를 발휘하지 않겠다는 것. 그것이 죄이다.

왜냐하면 생명체가 밀집된 곳에서 필수적으로 요구되는 개인 각자의 미세한 공간 조정이라는 현대인의 의무를 내팽개치는 격이기 때문이다. 스마트폰 속으로 나의 감각기관을 폐쇄시킨다는 것은, 공공장소에서 거동이 불편한 자, 짐을 많이 든 사람, 시간이 부족한 누군가에 대한 배려를 하지 않겠다고 선언하는 것과도 같다. 살아 있다는 것은 물리적 실체를 갖는 것이며 공간을 점유함을 의미한다.

그러나 모든 점유는 일시적이며 잠시의 차지에 대한 겸손한 자세와 긴밀한 협력 의지가 없는 이상 공간은 서식지가 아닌 격전지로 전락한다. 단순히 모여 있는 것이 아닌 진정으로 함께 살기 위한 기본적 덕목인 공간 센스, 야생학교는 권한다.

06

'정글의 법칙' 같은 소리는 치워라

나의 삶은 고달프다. 내가 속한 사회와 내가 잘 맞지 않기 때문이다. 말하자면 일종의 부적응자라 해도 무방할 것이다. 어쩌다 보니 여기에 태어나 살게 되었는데 가면 갈수록 나와 이 사회 간의 간극은 커져만 가고 있다. 그것을 매일 같이 목도하면서 생활하는 일은 결코 쉽지 않다. 사회적인 동물인 하나의 영장류로서 어떤 그룹의 안정된 구성원으로 살고 싶은 심리는 우리에게 내재된 본능이다. 동종의 개체들과 어울려 털 고르기도 하고 이도 잡아주면서 나도 이 무리의 어엿한 멤버임을 즐기는 것. 그것이 잘되지 않을 때 인간은 힘들다.

가령 고속버스를 이용할 때마다 나는 타기 전부터 스트레스에 시달린다. 과연 얼마나 시끄러운 사람들이 내 주변에 자리할지, 이번에는 몇 명이나 휴대폰을 진동으로 해놓지 않고 연신 카톡 소리를 낼 것인지, 실내는 지나친 난방이나 냉방으로 힘들지 않을지 등등. 특히 내가 긴장하는 것은 커튼 치기이다. 햇볕받길 좋아하고 바깥 경치를 감상하고픈 나의 작은 소망은 보통 다른 승객들의 탑승 몇 초 안에 허물어진다. 다들 태양을 어찌나 싫어하는지, 빛이 비치면 잠시도 참지 못하고 당장 커튼을 닫아버린다. 마치 열대의 뙤약볕이라도 내리쬐는 것처럼 필사적으로 가리는 이 행위에 나는 정말이지 고통을 느낀다. 저 바깥세상의 풍경과 지구 생명 에너지의 근원인 태양에 대한 매몰참이 나를 비통하게 만든다.

그러나 그 어떤 것도 버스 앞쪽에 설치된 화면에서 비롯되는 괴로움에 비하면 약과이다. 어쩔 수 없이 앞을 향해 앉을 수밖에 없는 좌석배치는 고문과 같은 시청을 강요한다. 움직이는 것만 볼 수 있는 개구리처럼 사람도 동물인지라 아무리 피하고 싶어도 동영상에 눈길이 가게 마련이다. 방송·연예계로 대변되는 세계를 오롯이 마주해야 하는 것이다. 바로 이것이 내 부적응의 핵심이다. 드라마, 토크쇼, 예능 등이 담긴 콘텐츠와 그것이 돌아가는 생리를 도저히 참아낼 수가 없는 것이다. 하지만 엔터테인먼트라는 거대한 분야 전체에 무모한 한 방을 날리기 위해 이 글을 쓰는 것은 아니다. 다만 다른 것은 몰라도 자연을 대하는 몹시 그릇된 자세를 주된 내용으로 삼는 특정 프로그램이 있어, 도저히 가만히 있을 수 없어서 펜이라는 칼날을 뽑아들기로 한 것이다.

버스에 앉아 억지로 보게 된 것은 다름 아닌 〈정글의 법칙〉이다. 이미 전성기를 한참 넘긴 장수 프로라는 것쯤은 전혀 텔레비전을 보지 않는 나도 아는 바이다. 하지만 이렇게 뒷북이라도 치지 않으면 정글에서 연구를 한 자로서의 소명을 배신하는 꼴이 될 것이다. 결론부터 말하자면 〈정글의 법칙〉은 진짜 정글의 법칙과 완전히 무관하다. 오히려 정반대, 즉 이 세상에서 가장 극단적인 '반(反)정글' 프로그램이다. 궁극적인 야생의 자연왕국인 정글을 감탄과 경외의 자세로 조심스레 접근하기는커녕, 시시껄렁한 게임과 가짜 서바이벌의 장으로 전락시키며 매회 정글을 유린하고 있다. 주된 관심사는 늘 '잡아먹을' 거리이다. 이 프로의 제작진이 촬영지를 정할 때 유일하게 고집하는 기준으로 잡아먹을 게 있어야 한다는 것은 아는 사람들 사이에서는 공공연한 비밀이다. 생물다양성이 가장 우수한 천혜의 자연에서 불필요한 사냥, 채취, 훼손을 일삼으며, 하나하나가 긴 진화적 과정의 작품인 개성 어린 생물을 향해 그저 입맛만 다시는 수준의 내용으로 일관하는 이 프로는 정글을 논할 자격이 없다.

인도네시아 서부자바의 저산지대 열대우림에서 긴팔원숭이를 연구한 나는 동물에게 아무런 해를 가하지 않는 과학적 연구를 하기 위해서 얼마나 어려운 허가절차를 거쳤는지 모른다. 번거롭고 힘들었지만 마땅한 과정이다. 지구의 자연은 함부로 다뤄서는 안 되는 존재이기 때문이다. 얼핏 보기에 무가치한 동물의 똥과 같은 물질조차 연구를 위해 채집 및 반출하기 위해서는 엄격하고 긴 과정을 통과해야 한다. 그만큼 어느 곳이든 자국의 자연자원은 소중한 것이다. 또한 정글은 보통 그 지역 주민의 생계와 밀접하게 관련된 곳으로, 심지어는 가난하고 헐벗어도 숲속의 생물을 함부로 취해서는 안 되기에 당국과 많은 마찰이 빚어지기도 한다. 수많은 환경단체나 활동가들은 점점 사라져가는 정글 서식지와 희귀종을 구하기 위해 현장에서 땀 흘리며 개발 압력, 밀렵꾼, 그리고 무관심과 싸우고 있다. 정글은 지구의 허파이자 생명의 진원지로서 보전과 예찬의 대상이지, 연예인들의 캠핑장이나 요깃거리가 아니다. '임자 없는' 정글에 가서 멋대로 취해도 된다고 여기는 자세는 구닥다리 식민지사관의 연장에 불과한 사고방식이다. 자칭 '대장'이라는 김병만 씨는 국립생태원의 명예홍보 대사로 위촉된 인사인데도 불구하고 정글의 동물을 향해 화살을 쏘는 따위의 행위를 멈추지 않고 있다. 같은 연예인인데도 오스카 시상식에서 기후변화를 위해 싸우자고 외친 리어나도 디캐프리오와 너무나도 대비되는 모습이다. 지금이라도 이런 식의 정글의 법칙 따위는 치우라고, 야생학교는 요구한다.

07

고기 말고 '다른 것' 시킬 자유

"우리 뭐 먹으러 갈까?" 거리를 돌아다니는 친구, 동료, 연인들이 가장 자주 내놓는 말이다. 뭘 즐기려 해도 막상 먹는 것 외에는 별다른 거리가 없어 결국 밥으로 화제가 모아지는 것이 보통이다. 단둘이 다니는 커플은 종목에 대한 의사결정 구조가 확실한 편이다. 하지만 여러 명이 참여하는 회식은 살펴야 할 눈이 많다. 연장자가 일방적으로 정하거나 그날따라 유난히 '땡기는' 메뉴를 주저 없이 외치는 사람도 없지 않으나, 한국 문화의 특성상 자연스럽게 '대세'가 형성되기를 바라며 함구하는 구성원들이 많다. 이리저리 배회하다 지치고 배고파지면 적당히 무난해 보이는 곳 앞에서 누군가가 제안한다. 그냥 여기 들어갈까? 드디어 결정에 도달한 기쁨에 모두들 아무 토달지 않고 우르르 몰려 들어간다.

최대한 여러 사람이 좋아할 만한 음식으로 수렴하고자 하는 우리네 외식문화는 공동체를 중시하는 동양적 사고방식에서 기인할 것이다. 많게는 수십 명에 이르는 군단이 한꺼번에 자리 잡을 수 있는 연회석을 갖춘 식당이 우리에게는 일반적이지만 서양에서는 찾기 힘들다. 인원이 많을수록 식탁의 반대쪽 끝에 위치한 사람끼리는 말 한마디 나누는 것이 불가능하지만 아무래도 좋다. 같이 한 상에서 먹었다는 사실이 중요한 것이다.

취향과 식습관은 저마다 다르지만 오늘 함께 선정한 음식이라는 공통분모로 뭉치고 잠시나마 하나가 되는 사회적 기쁨을 누리는 기회이기 때문이다. 다시 문화적 비교로 돌아가자면, 커피나 술 등의 음료로 미래의 만남을 기약하는 쪽이 서양이고, "언제 밥 한번 먹자" 같이 식사에 집중하는 것이 우리다. 심지어 언제 술 한 잔 하자는 말로 대체한다 해도 그 속에 그득한 안주가 포함되어 있다는 것을 모르는 이는 없다. 둘이 먹다 하나 죽어도 모를 정도라는 표현이 맛에 대한 가장 극찬인 것을 보면 우리 사회에서 함께 먹는다는 것의 중요성을 알 만하다.

그런데 이런 식으로 함께 나가서 먹다 보면 생기는 문제가 또 있다. 모임의 집단적 의사결정과 왁자지껄 속에 묻혀버린 소신과 삶의 철학이 있다. 바로 철저하게 채식하는 사람, 유란채식을 하는 사람, 해산물까지만 먹는 사람, 고기를 먹더라도 최소화하고자 하는 사람 등 다양한 군상이 여기에 무더기로 숨어 있는 것이다. 현재 한국 정도의 경제 규모를 가진 나라라면 다양한 식단의 옵션이 식당에 기본적으로 구비돼 있고, 식습관의 다양성을 존중할 것이라고 예상하기 쉽다. 하지만 웬걸, 실상은 전혀 딴판이다. 고기, 그것도 어떤 요리 속에서 일부분을 담당하는 고기가 아니라, 정말 고기 덩어리 자체만을 탐닉하는 고기. 하드코어 고기 식단의 일색이다. 이 식당, 저 식당, 옆 식당 모두 고기가 주메뉴이다 못해 외식업계를 완전히 지배하고 있다. 채식은커녕 고기에 찌드는 것을 피해가기조차 어려운 지경이다. 거의 인구수만큼 있는 것처럼 느껴지는 치킨집과 온갖 다양한 고깃집들의 틈바구니 속에서 보다 건강하고 친환경적인 식사를 할 최소한의 권리는 없다. 특히 여러 명이 즐기는 '잔치성' 회식일수록 고기의 위력은 압도적이다. 분위기 흐리지 말고 잠자코 먹기나 할 일이다.

딴 거 시키면 되는 일 아니냐? 정말 몰라도 너무 모르는 얘기다. 요즘은 전, 된장 또는 김치찌개, 만두, 볶음밥, 비빔밥, 빈대떡, 샐러드, 파스타 등 얼마든지 고기 없이 만들 수 있고 육류의 함유가 당연하지 않은 음식에도 대부분 고기가 들어간다. 심지어 야채김밥, 야채빵, 두부김치처럼 명확하게 채소로 된 이름의 음식마저 고기가 곁들여 나오기 일쑤다. 한마디로 '딴 거'가 없다는 것이다. 그냥 상추쌈만 씹어 먹는 것을 식사라고 우길 수는 없다. 채식하는 외국인을 대접하는 일은 거의 전투적 각오 또는 철저한 사전조사가 요구된다. 고깃집인지 모르고 채식 메뉴를 주문한 외국인에게 어느 식당 주인이 한 대답이 아직도 뇌리에서 떠나지 않는다. "고기 시키면 야채 많이 줍니다!" 지나친 육류 소비의 문제를 떠나서, 여럿이 외식을 할 때 고기를 잔뜩 먹지 않기가 너무나도 힘들다는 것이다. 실제로 몇 년 전 내셔널지오그래픽이 세계 식단을 조사한 결과 지난 50년간 한국의 곡물 섭취는 절반이 줄어든 반면 육류는 6배나 증가했다. 또 다른 조사에 따르면 한국 가구의 77퍼센트가 '외식=고기'로 여긴다고 한다. '고기 헤게모니' 아래 삶의 다양성이 설 자리를 찾지 못하고 있다.

그래서 한국에서는 채식하기 어렵다는 이야기를 외국인들에게 듣곤 한다. 우리의 전통식단이 얼마나 야채를 잘 살리는지를 생각하면 통탄할 일이다. 살짝 데치는 나물무침, 시원하고 깔끔한 동치미, 온갖 종류의 두부요리, 풍부한 김치의 세계, 독특한 도토리묵, 장아찌, 무말랭이 등 무한한 반찬류, 비지찌개나 콩국수 등 헤아릴 수 없는 우리의 우수한 야채요리를 모른 채 거리의 고깃집만 보며 이들은 발길을 돌리는 것이다. 슬기로운 채소 전문가에서 '고기 덕후'로 전락해버린 이 땅의 식문화에 반드시 다양성을 회복시켜야 한다고, 야생학교는 외친다.

08

새가슴을 헤아리는 마음

누군가와 여행을 해보면 서로를 정말로 알게 된다고 한다. 좋았던 사이가 더 돈독해질 수도 있고, 괜찮았던 관계가 돌이키기 어려울 정도로 멀어진 채 돌아올 수도 있다. 한마디로 여행을 통해 관계의 실체가 드러난다는 것이다. 왜일까? 아마 해답은 여행이 함께 지내는 상황을 만들어주기 때문일 것이다. 며칠 동안 동고동락하며 작은 것에서부터 집단적 의사결정을 하다 보면 이게 과연 될 관계인지 얼마간의 답이 나오게 되어 있다.

물론 언제나 답이 명확하지는 않다. 어떤 때는 한 사람은 만족하며 싱글벙글하는 바로 그때 다른 누군가는 다시는 이 사람과 같이 떠나지 않으리라는 다짐을 하고 있기도 하다. 뭔가 잘못된 것이다.

이런 경우는 보통 한쪽에서 뭔가를 삭이고 있는 케이스이다. 불평불만이 이만저만이 아니지만 차마 말을 못하고 속병만 앓고 있는 것이다. 표현하지 않으면 자기만 손해라는 것을 알지만 천성상 내 입장을 드러내지 못하는 성격. 누구든 살면서 한두 명쯤은 만나는 캐릭터이다. 보는 쪽에서는 답답하다. 아니 그럼 진작 말을 하든가? 맞는 말이다. 하지만 그쪽에게만 책임이 있는 것은 아니다. 함께한다는 것은, 공생한다는 것은 서로가 서로를 살핀다는 뜻이다. 비록 상대방이 선뜻 이야기하거나 티를 내지 않더라도 말이다.

이 구도가 특히 중요하게 작용하는 맥락은 인간과 자연의 공존 문제를 이야기할 때이다. 함께 지구를 공유하는 동식물의 불가피한 침묵을 우리는 너무 무신경하게 받아들이고 있기 때문이다. 자연이 인간의 언어를 구사할 줄 모른다는 당연한 사실만을 말하려는 것은 아니다. 우리가 어떤 방식으로든 자연에 영향을 끼칠 때, 그 자연의 반응을 우리 본위대로 판단함으로써 별 문제가 없다고 아주 용이하게 자가진단을 하고 있다는 것이다.

가령 나무를 무자비하게 가지치기 해버리고도 잎이 어디서든 돋아나기만 하면 괜찮다고 사람들은 생각한다. 야생동물을 잡아 열악한 환경에 가둬도 죽지만 않으면 학대가 아니고, 밥 챙겨주고 재워

주니 오히려 고마워해야 한다는 식이다. 말 못하는 동식물들의 입장을 나타내는 것으로써 과학이 있기는 하지만, 누구나 과학자로서 이에 밝은 것도 아니고, 그조차도 생명체의 본심을 모두 드러내준다고 생각하는 것은 인간의 오만이자 교만이다. 점점 자연을 침범하며 영역을 넓혀나가고 있는 인간이 가장 조심해야 할 사항 중 하나는 자연의 마음을 넘겨짚는 일이다. 자연과 공존이 가능하기 위해서는 근본적으로 민감하고 소심한 자연의 성격을 섬세하고 깊이 헤아리는 마음가짐이 있어야 한다.

이런 거창한 말이 일상과 무슨 관계냐고? 다음의 간단한 일화가 이 질문에 좋은 답을 제시해주리라 믿는다. 얼마 전, 어버이날에 일어난 일이다. 부모님을 모시고 점심식사를 한 후 인근 공원으로 향하고 있었다. 소화도 할 겸 자연 속을 거니는 것처럼 좋은 식후 코스도 없지 않은가. 게다가 이곳은 바닥포장과 인공조경으로 된 무늬만 공원이 아니라, 옛 지형과 식생이 상당히 남아 있어 나름의 생태계가 어엿이 있는 진짜 공원이다.

느리고 여유 있는 발걸음으로 우리는 걷기를 즐기며 작은 공터에 이르렀다. 정자와 벤치 두어 개, 잠시 쉬어가기에 안성맞춤이었다. 자리 잡고 앉아 얼마 안 있을 때였다. 어치 한 마리가 푸드덕 날아와 내려앉았다. 그런데 어라, 목욕을 하는 것이 아닌가? 작은 물길이 졸졸 흐르는 곳에서 어치는 첨벙 들어갔다가 정자 난간으로 올라오면서 적시기와 말리기를 반복했다. 기가 막힌 볼거리였다. 조금 있자 직박구리가 이 공개 목욕시연에 동참했다. 어치가 바깥에서 털 때 직박구리는 물에 몸을 담그며 둘은 우리가 전혀 기대하지 않았던 자연의 삶의 드라마를 눈앞에 펼쳐주고 있었다.

감동에 젖어 있을 그때, 어느 가족이 들이닥쳤다. 새가 목욕을 한다는 사실을 발견하고는 할머니가 손자를 번쩍 들어 새를 향해 접근했다. "짹짹이가 목욕한다!" 너무 가까이 가지 말라고 당부했지만 할머니는 목욕현장과 가장 가까운 징검다리 돌 위까지 가서 연신 짹짹이를 큰 소리로 외쳤다. 아니나 다를까, 새는 날아가 버렸다. 드라마는 끝이 났다. 에헴. 저기요, 그렇게 가까이 가셔서 새가 목욕을 그만두고 간 겁니다. 나는 보다 못해 한마디를 하고 말았다. 그러고 돌아서는데 고성이 내 등을 때렸다. 그렇게 민감하게 굴지 말라고, 너만 새 아끼는 줄 아느냐고, 무슨 소란이라도 피웠느냐고, 새는 어차피 돌아온다고, 그들은 내게 집중포화를 퍼부었다. 매우 언짢은 모양이었다.

물론 듣는 나도 좋지는 않았다. 하지만 중요한 것은 그 새의 마음이다. 편안히 목욕하다 갈 수 있도록 적당한 거리를 두는 행동이 이 여린 '새가슴'에 대한 배려이다. 그 정도 방해하는 것쯤이야 괜찮다고 함부로 넘겨짚지 않는 마음가짐이다.

게다가 새를 잠시 방해한 것이 괜찮다면, 나의 잔소리 한마디쯤도 괜찮아야 하는 것 아닌가? 같은 새가슴끼리라면 더욱 잘 살펴야 하는 것이다. 이것이야말로 진정한 공생과 공존의 출발점이라고, 야생학교는 짹짹거린다.

09

인간의 안전 앞에서 자연은 봉

지난 며칠은 내게 혹독한 시련의 시간이었다. 한국에서 생태나 환경을 추구하며 산다는 것 자체가 고행이긴 하지만 이번에는 훨씬 개인적인 차원에서 겪은 고통의 나날들이었다. 지방에 사는 관계로 서울에 오면 부모님 댁에 묵으며 지내는데, 이곳은 우리 가족이 벌써 15년 이상 함께 살았던 곳이기도 하다. 오래 살다보면 정이 드는 것은 인지상정, 그중에서도 나는 특별히 이 건물 앞뒤로 있는 좁은 띠의 녹지를 사랑했었다. 총 여섯 가구가 사는 일종의 빌라인 이 건물의 입구에는 소나무와 목련이 제법 울창했고, 뒤에는 상수리나무와 단풍나무 등이 다른 초목들과 함께 어우러져 내게는 각박한 도심 속 하나의 녹색 오아시스와 같았다.

집 주변에 식물 있는 것 자체를 싫어하는 이가 누가 있겠는가. 하지만 누구나 그것을 같은 눈으로 바라보지는 않는다. 나뭇잎이 제공하는 녹색 빛도 좋지만, 그 자연이 생태적인 관계망 속에서 기능하며 존재하는 자연인지 아닌지가 내게는 더 중요하다. 우리 집 주변의 나무들은 참새, 박새, 쇠박새, 멧비둘기, 어치, 까치, 오목눈이들이 정기적으로 찾아오고 심지어는 번식활동을 하는 곳이었다. 한 번은 멧비둘기 한 쌍이 막 둥지를 틀 때쯤, 누군가 위층으로 이사를 오는 바람에 사다리차를 불렀고, 이때 발생한 하루 이틀 동안의 소음으로 새들이 번식을 포기했던 적도 있다. 어쨌든 이렇게 작은 녹지도 상당히 우거진 덕에 도시 생태계의 일원들이 믿고 찾아오는 공간이었고, 이를 집안에서 지켜보는 나는 우리 모두가 이렇게 함께함이 그저 좋았다. 밤에는 풀벌레소리가 은은했고, 한 번은 귀뚜라미 한 마리가 에어컨 관을 타고 들어와 방 안에서 울며 밤잠을 방해하기도 했지만, 그렇다고 자연을 원망한 적은 없다. 자연과 공존을 원한다면 이 정도는 감수해야만 한다.

그런데 어느 날, 이 소중한 오아시스는 하루아침에 사라졌다. 주민 중 누군가가 건물의 균열 및 누수문제를 제기하면서 그 원인을 나무의 뿌리로 진단한 것이다. 신속하게 반상회가 열리고 바로 이튿날 일꾼들이 들이닥쳤다. 조금이라도 문제가 있다고 의심되는 모든 나무는 밑동 째 베어졌고, 형을 면한 몇 그루는 목숨만 겨우 남겨두는 수준으로 잘렸다. 순식간에 휑해진 땅 위에는 지난날의 푸름을 암시하는 잔해만 흩뿌려져 있었다. 나름 주민들과 언쟁도 벌이면서 막아보려고 했지만, 안전이라는 대명제 앞에서는 속수무책이었다. 이후 나는 집에 들어가는 것이 겁이 났다. 내가 사랑하던 자연의 파괴를 마주하는 것이 두려웠던 것이다.

안전상의 문제를 일으킨다면 당연히 나무도 자를 수 있다. 그것이 핵심이 아니다. 핵심은 정확한 근거도 없이 항변하지 못하는 자연에게 문제의 원인을 무작정 덮어씌운다는 것이다. 잔혹한 범죄자에게도 적용되는 무죄추정의 원칙은 자연에게 전혀 허용되지 않는 셈이다. 정확히 어떤 나무가 얼마나 영향을 미치고 있는지 알아봐야 하는 것 아니냐는 요구는 비용을 들어 쉽게 묵살된다. 건물 자체의 건축학적 하자도 마찬가지 이유로 고려되지 않는다. 형편없이 잘린 나무를 두고 시간이 지나면 어차피 새순이 나온다며 마치 자연에 아무 해도 끼치지 않은 것처럼 정당화하기도 한다. 물론 여기에 어떠한 생태적 고려도 없다. 비전문가가 내린 '모 아니면 도' 식의 결정에 수많은 생명이 사라졌지만, 안전이라는 절체절명의 의제를 들이대는 순간 그 어떤 세심한 고려나 대안도 창밖으로 내팽개쳐지는 것이다.

인간의 안전이 도마 위에 오르는 순간 나머지 자연의 안전은 바로 폐기처분하는 것, 이것이 가장 핵심적인 문제이다. 그 좋은 사례가 2016년 5월에 일어난 고릴라 사건이다. 미국 신시내티 동물원에서 한 어린이가 부모의 감시가 소홀한 틈을 타 고릴라 우리 안으로 들어가자 이를 구하러 동물원 측이 17살 수컷 고릴라인 하람베를 사살한 것이다. 마취 총을 쏠 경우 동물이 바로 쓰러지지 않고 어떤 문제를 일으킬지 몰라 그와 같은 결정을 했다고 한다. 그보다 전에는 한 청년이 자살하겠다며 사자 우리에 뛰어 들어간 것을 구하기 위해 사자 두 마리를 사살한 사건이 있었다. 두 경우 모두 인간이 동물원의 규율을 어기고 동물의 공간을 침범해놓고서 총알은 동물이 맞은 경우이다. 이는 무엇을 의미하는가? 인간과 자연이 그 어떤 형태로 엮이든 간에 이유여하를 막론하고 총구를 자연에게 들이대겠다는 우리의 추악한 진심이 아니고 무엇이겠는가. 자신의 서식지에서 멀쩡히 살고 있다가 잡혀와, 순전히 오락의 대상으로 다뤄지다가, 선을 넘은 몇몇 때문에 죽어 마땅한 존재가 된 자연. "당신의 애였다면 어쨌겠냐?"라고 사람들은 말한다. 나의 애라는 마음가짐을 허한다면, 동시에 고릴라도 누군가의 소중한 고릴라라는 마음가짐도 똑같이 고려해야 한다. 사람들의 비명소리가 고릴라를 자극시켰다는 전문가들의 지적처럼, 관람자들을 물린 상태에서 마취나 교환 등을 이용한 다른 대안을 충분히 고려할 수 있었다. 인간의 안전 앞에서는 그 어떤 대안도 불필요하고 총구나 톱을 휘두르는 것이 답이라면 그 인간은 공존의 자격이 없다고, 야생학교는 단언한다.

10

더위가 알려준 진짜 충격

더위. 지금 이보다 우리를 압도하는 것이 있을까. 열의 손아귀에 꽉 잡혀 꼼짝달싹도 못하며 연명하는 날들이 끝을 모르고 이어진다. 너무 더운 나머지 모든 세상만사가 다 무가치해질 정도이다. 정치고, 경제고, 연예고, 스포츠고 다 필요 없다. 더워 죽겠는데 무슨. 밤이 되어도 전혀 쉴 틈을 주지 않는 무더위 속에서 오늘도 헛되이 잠을 청해본다. 잤는지, 못 잤는지도 불분명한 몽롱한 정신으로 무거운 눈꺼풀을 든다. 간신히 넘긴 하루. 하지만 오늘은 또 어쩐다냐. 사는 것이 참으로 힘들도다.

온도 몇 도의 차이가 이렇게 대단한 것이구나, 우리는 혀를 내두른다. 냉방된 공간을 산소통처럼 찾아다니는 나약한 육신을 내려다

보면서, 아무리 고매하고 똑똑한 척을 해도 결국 하나의 생물일 뿐이구나, 우리는 탄식한다. 더위가 우리로 하여금 근본적인 시선을 갖게 해준다. 더위는 우리를 한없이 솔직하게 만들어 준다. 그리고 더위를 통해서 우리는 지구인이 된다. 당장의 더위를 해결하지 않는 이상 그 어떤 것도 중요치 않음을 몸소 경험함으로써 우리는 알게 모르게 시대의 문제를 마주하고 있는 것이다. 그렇다. 이것이 현대의 삶이다. 신자유주의보다, 저성장보다, 테러리즘보다, 한 명도 빠짐없이 모든 이의 피부에 완벽히 와 닿는 가장 심각한 전 지구적 이슈. 나와 무관하다며 모든 것을 무시해버려도 끝내 외면할 수 없는 궁극적인 생존의 문제. 바로 기후변화이다.

그렇다. 지겨워 죽겠지만, 바로 그 기후변화이다. 지겨운 이유는 하도 많이 들리기 때문이다. 많이 들리는 이유는 그만큼 심각하기 때문이다. 심각한 이유는 제대로 대응하고 있지 않기 때문이다. 더워 돌아가시겠는데 에어컨 켜지 말라는 헛소리냐? 혹자는 벌써부터 역정을 낸다. 정확히 그 말은 아니다. 하지만 비슷한 범주의 말이긴 하다. 더위는 더 이상 단순 기상현상이 아니다. 날씨는 더 이상 인사치레의 주제가 아니다. 지금 우리가 목도하기 시작한 유례없는 이 '열의 위력'은 문명의 총체가 그동안 쌓아올린 어마어마한 빚더미 쇼케이스의 서막이다. 하필 이 시점에 태어나 살고 있는 우리는 억울할지도 모른다. 그러나 다음 세대와 그 이후를 생각하면 오히려 얼마나 행운아인지 깨닫게 된다. 왜냐하면 이 고통은 잠시 있다가 떠날 것이 아니며, 오히려 가면 갈수록 심해질 것이 분명하기 때문이다.

이번 2016년 상반기는 역대 온도 기록을 모두 경신하였다. 그러니까 올해 1, 2, 3, 4, 5, 6월은 모두, 지구 역사상 있었던 모든 1, 2, 3, 4, 5, 6월보다 더운 달이었다. 미국 국립기후자료센터에 따르면 벌써 14개월 연속으로 기록경신 행진이 지속되고 있다. 심지어 어떤 달은 산업화 이전 평균치보다 1도 이상 높은 고온에 달할 정도로 올해 기후변화의 양상은 강력하다. 지난해 파리협약에서 도출된 목표치는 지구의 기온상승을 2도 아래로 묶자는 것이었는데……. 기상관측 이래 가장 더웠던 15년 중 14년이 2000년대에 일어났다. 참, 지금이 2016년이던가? 어떻게 봐도, 아니 안 보려고 해도 메시지는 분명하다. 지구가 위험하게, 정말로 위험하게 달궈지고 있다. 예전에는 뉴스로 들었던 것을, 지금은 몸으로 느낀다. 나만이 아니다. 우리나라만이 아니다. 전 세계가 이 순간 함께 허덕이고 있다. 그러나 이는 충격이 아니다. 사실 이미 예상된 것이다. 우리가 변하지 않는다는 것, 그것이 충격이다.

전력수요 폭증으로 전력 예비율이 급감하고 있는 가운데 정부는 누진세의 한시적 완화를 발표했다. 당장 더위와 전기세의 이중고에 시달리는 국민에게는 반가운 소식일는지 모른다. 그러나 세계 탄소 배출 7위의 국가로서는 그야말로 무책임하기 짝이 없는 자세이다. 한국은 지난 20년 간 OECD 중 탄소배출 증가 속도 1위의 불명예에 오른 나라이다. 다른 나라들은 탄소배출을 1인당 평균 7.2퍼센트로 줄일 때 우리는 110.8퍼센트로 늘리는 역주행을 하고 있는 것이다. 지구생태발자국네트워크라는 국제단체가 운영하는 '지구용량 초과의 날'이라는 것이 있다. 지구의 1년 치 자원을 12월 31일에 다 쓰는 것이 가장 바람직한데 실제로 소모되는 날을 측정하는 것이다. 지난해에는 8월 13일이었던 것이 올해는 8월 8일로 5일 앞당겨졌다. 즉, 가을도 채 되기 전에 우리는 곳간을 비우는 셈이다. 더욱 놀라운 것은 한국은 지구가 3.3개가 필요한 수준의 생활을 하는 국가로 전체 4위에 올랐고, 면적대비 자원 소비량은 전 세계에서 1위라는 사실이다. 한마디로 우리의 에너지 사용량, 그리고 증가량이 타의 추종을 불허하는 가장 극심한 수준이라는 것이다. 그런데도 더위 앞에서 우리는 에너지 사용량을 더 늘리는 것 외에는 아무 관심이 없다. 골드만 환경상을 받은 미카엘 크라빅 박사가 말하는 더위에 대응하는 도시시스템의 변화와 같은 근본적인 대책에 대해서는 정부, 기업, 국민 모두 나 몰라라한다. 빗물을 그냥 흘려 보내지 않고 도시에서 모으고 나무와 풀의 녹지대를 늘려 온도를 낮춰야 한다고 그는 강조하지만, 우리는 에어컨을 어떻게 하면 더 틀까만을 골몰하고 있다. 한 나라가 이토록 '철면피'라는 사실이 이번 더위의 진짜 충격임을, 야생학교는 깨닫는다.

3

우리에게 필요한 것은? 생태감수성

01

'있는 그대로' 살기

상쾌한 아침 공기를 들이마시며 나는 집을 나선다. 조금 춥긴 하지만 옷깃을 여미고 씩씩하게 걸으며 하루를 힘차게 시작해본다. 여느 때와 마찬가지로 버스와 지하철은 사람들로 붐빈다. 콩나물시루처럼 운반되는 것이 대단히 유쾌하지는 않지만 대도시에 사는 이상 받아들여야 할 일이다. 교통체증도 참을 만하다. 하지만 아무리 겪어도 익숙해지지 않고 여지없이 나의 아침을 망치는 것이 하나 있는데, 뭔고 하니 바로 성형수술 광고다. 불행히도 한국의 성형수술 메카인 서울 강남 및 압구정 일대를 자주 통과해야 하는 나로서는 매일 아침마다 이 저주스러운 기운으로부터 벗어나려고 곤욕을 치른다. 하지만 역부족이다. 대문짝보다 훨씬 큰 광고판은 지하도 양쪽을 도배하고 그 기괴한 눈과 코를 내게 들이민다. 눈을 감아 시각 정보를 차단하려 하면 버스의 음성 광고가 고치라며, 뜯어 고치라며 나를 괴롭힌다. 이어폰을 꽂고 다니면 되지 않느냐고? 나는 소음 차단용 음악으로부터도 자유로운, 고요하고 맑은 아침으로 하루를 열고 싶은 사람이다. 이곳이 모닝 캄(Morning Calm)의 나라라고 하지 않았던가?

이제는 모두가 그냥 받아들이기로 한 것인가? 지하철에서 눈을 둘 곳을 찾으며 나는 묻는다. 썩 마음에 들진 않지만 어쩔 수 없는 사회의 일부분으로 완전히 수용하기로 한 것일까. 그렇지 않고서야 이렇게 공공장소를 성형 홍보관으로 칠갑을 하겠는가. 다른 나라에서는 상상하기 어려운 양과 질의 성형 칭송 메시지가 우리의 일상을 깊숙이 침투하고 있다. 의술로 얼굴을 고치는 행위가 존재한다는 사실 자체가 문제의 핵심은 아니다. 원래 세상에는 별의별 업종과 서비스가 있고, 사회가 분화될수록 이런 현상은 심해진다. 문제는 돈과 기술을 이용해서 인간 정체성의 핵심인 얼굴을 조작하는 것이 지극히 자연스러운 일처럼 여겨지고, 너무나도 버젓이 우리에게 영향력을 행사하고 있다는 점이다.

언제부터인가 성형은 인간의 당연한 관심사이자 생활영역인 것처럼 우리의 주변을 장식하고 있다. 성형 광고는 맛있는 음식이나 저렴한 통신요금, 꿈의 여행지를 알리는 광고와 동등한 위상을 누린다. 외모도 경쟁력이라는 다소 '중립적'인 표현을 쓰던 것은 옛말, 오늘날의 성형 광고 문구는 온 국민을 마치 계몽의 대상으로 삼는 듯 훈계하고, 훈육하고, 격려한다. 살과 뼈를 깎음으로써 '숨겨진 진정한 아름다움을 되찾으라'고 하며, 남을 질투할 시간에 주저 말고 '지금 행동하라'고 다그친다. 심지어는 성형 선생님의 '정성'을 부모님의 사랑과 스승님의 은혜와 동격으로 추앙하는 대담함까지 보인다.

얼굴 바꾸기가 이토록 가벼운 일이라면, 대체 정체성이라는 개념 자체가 필요하기나 한 것인지 묻지 않을 수 없다. 원래를 변화시키는 것이 그토록 아무렇지 않다면 '진짜'와 '짜가'의 구분에는 왜 그리도 집착하는가? 외모지상주의에 찌든 사회를 탓하며 칼날에 몸을 맡기는 이들은 자신들이 바로 그 이데올로기의 가장 충실한 추종자라는 것을 알지 못한다. 사회적으로 '당당하기 위해' 신체를 찰흙처럼 주무르는 것은 정당화하면서, 동시에 스포츠 선수의 약물투여, 학력위조, 허위광고를 지탄하는 데에는 열심이다. 술, 담배, 연애는 못하게 해도, 수험생의 노고를 성형 선물로 치하하는 것은 아름다운 자식 사랑의 마음이란다.

흑인 인권 운동가 말콤 X는 한때 백인처럼 머리를 펴기 위해 양잿물로 된 콩크라는 젤로 머리를 감았다. 하지만 훗날 그는 백인으로부터 받은 성을 버리고, 알지 못하는 자신의 흑인 조상을 기리는 뜻에서 'X'라는 성을 채택했다. 자신의 기원과 정체성, 인간으로서의 존엄성에 대한 고민 끝에 나온 결정이었다. 언젠가 성형 사실이 탄로날지도 모르는 불안함 때문에 성형을 주저해야 하는 것이 아니다. 나를 고수하고, 나로 남고 싶은 마음이 이 성형 아우성에 불편해하는 것이다. 성형업계의 난잡한 메시지는 있는 그대로의 나를 버리라는 말 하나로 귀결된다.

이런 분위기 속에서 있는 그대로의 강산, 있는 그대로의 풍경, 있는 그대로의 동네가 유지되길 바라는 마음이란 얼마나 헛된 것인지 생각만으로도 아찔하다. 머리카락 하나조차도 소중히 여기며 당나라식 변발을 거부했던 우리의 정신은 대체 어디로 다 자취를 감추었는지 알 수 없다. 빠른 변화를 경제성장의 원동력으로 삼았던 것이 궁극적으로 우리에게 끝없는 자기부정을 심어준 것은 아닌지 돌아봄이 절실한 때이다. 적어도 나의 소박한 아침 등굣길 정도는 이런 무거운 상념으로부터 벗어날 수 있기를, 야생학교는 소망한다.

02

빙판 위의 킬링필드

서울 시내에서 아직도 곤충 채집이 가능하던 시절, 우리는 포충망을 메고 공원을 탐험하며 여치, 땅강아지, 풍뎅이 등을 잡곤 했다. 일부는 집에 데려가 키우기도 하고 일부는 좀 보다가 그 자리에서 놔주었다. 돌이켜보면 멀쩡히 잘 사는 녀석을 괜스레 잡아와 좁은 수조 안에서 여생을 보내게 한 일들이 무척 죄스럽게 느껴진다. 그래서 어느 날부터 그런 종류의 취미를 모두 그만두었고, 자유를 누리는 생물을 관찰하는 재미만을 추구하기로 했다.

한때 동물에게 못할 짓을 하던 나였지만, 그것도 주변의 몇몇 아이들에 비하면 매우 신사적인 편이었다. 손가락으로 잠자리의 머리를 튕겨 날리고, 나뭇가지로 송충이 꼬치를 만들고, 개미굴에 약을

붓고 기어 나오는 족족 눌러 죽이던 아이들의 잔인무도함은 지금도 생생하다. 사실 그렇게 특이한 경험은 아니다. 이야기를 해보면 누구나 이런 기억이 하나쯤은 있다. 어린애야 뭘 잘 모른다고 치자. 어쩌면 매일 컴퓨터 게임에만 매달리는 것보다 차라리 벌레라도 괴롭히는 게 나을지도 모른다. 그런데 어른이, 심지어는 한 집안의 가장이 자연을 유린, 착취, 포획, 살상하는 재미에 폭 빠져 지낼 때는 전혀 다른 문제가 된다.

여기서 키워드는 재미다. 즐거움을 누리는 방식이 어떤지에 따라 개인과 사회의 수준과 품격이 결정된다. 영화에 나오는 악당은 주인공을 괴롭히는 희열에 껄껄대고, 그것을 보는 관객은 분노한다.

"누구라도 즐거우면 된 거 아니냐"며 극장을 나오는 이는 없다. 기분만 좋다고 해서 '장땡'이 아니라, 그 기쁨이 과연 정당하고 자연스러운지가 우리에게는 중요하다. 꽁꽁 언 강에 수십만 명이 시위대처럼 몰려 있다. 망치나 전기톱, 날카로운 낚싯바늘 같은 장비가 여기저기에 널려 있다. 목적은 단 한 가지. '얼음 아래 요놈을 어떻게 좀 낚아볼까.' 뭣도 모르는 물고기들에게는 위에서 벌어지는 불안한 북적거림이 심상치 않다. 비밀 대피소에 숨어 독일군의 구둣발 소리를 들으며 제발 들키지 않았으면 하는 유대인들의 기분이 이랬을까,

상상해본다.

이내 엄청난 수의 낚싯바늘과 어망이 차가운 물밑으로 내려진다. 휘릭. 한 마리가 잡혀 끌려 올라간다. 수면 위에서는 환호성이 터져 나온다. 곧 옆에서도 즐거운 비명이 하늘을 가른다. 그 옆에서도. 저기서도. 정말로 물 반, 고기 반 상황이라는 믿기지 않는 낚시 낙원의 환희에 빠진 군중은 추위도 까맣게 잊은 채 산천어를 향한 욕망을 이글이글 불태운다.

잡힌 고기는 실제로 바로 불 위에서 익혀지고, 그러기가 무섭게 입속으로 사라진다. 미국 CNN방송이 꼽은 세계 7대 겨울철 불가사의 중 하나인 강원 화천의 산천어축제장 모습이다. 짐작컨대 '불가사의'라는 말 속에 함의된 냉소를 알아차리는 이는 아무도 없다.

고요한 산골짜기를 뒤흔들어 놓는 이 얼음판 아수라장이 가져다주는 인문학적 충격을 차치하고라도 문제는 이미 산적해 있다. 축제를 위해 화천천의 바닥을 굴착기로 긁어내고, 빙판을 인조적으로 만들기 위한 물막이 공사로 하천의 수중생태계는 극심한 피해를 입었다. 청정 자연을 표방하면서도 양식으로 기른 물고기로 채우는 것도 모자라, 부족분을 일본산 잡종으로 메우면서 외래종을 대량으로 강에 유입시켰다. 포식성이 강한 이 종은 열목어 등 토종 민물고기를 잡아먹어 생태계를 심각하게 위협하는 존재다. 산천어 말고도 조용히 겨울을 나려는 다른 수중생물들이 어떤 고욕을 감내해야 하는지는 설명이 불필요하다.

하지만 핵심은 여전히 재미다. 어째서 우리가 재미를 느끼는 방식은 이토록 파괴적이어야 하는가? 꼭 자연을 취하고, 득하고, 내 것으로 삼아야만 쾌감이 느껴지나? 점잖게 관조하고 음미하며 자연의 안녕을 확인하는 것은 그리도 지루한가?

세계적으로 친환경적인 생태관광 산업은 관광시장 최고의 성장률을 기록하고 있고, 그냥 보는 행위(잡아먹는 것이 아닌) 자체가 핵심적 재미인 탐조활동은 미국, 유럽, 일본에서 이미 굳건히 자리 잡은 취미로 큰 인기를 누리고 있다. 우리나라에서도 이런 움직임을 발견할 수 있다.

그러나 아직도 대세는 한 마리라도 잡아야 직성이 풀리고, 초장에 찍어 먹어야 비로소 흡족해한다. 하지만 그 어떤 말로 미화해도 이 빙판 위의 킬링필드가 집단적 살육의 현장이라는 사실은 부정할 수 없다. 모두가 사냥에 혈안이 된 현장을 '축제'라 부르는 것이 극

소수에게만 이상하게 들리는 것인지, 야생학교는 어리둥절하다.

03

'살처분 시대'의 호소

과거의 잘못을 뉘우치지 않는 일본 정부의 태도에 세계는 분노하고 있다. 군위안부 강제동원이나 난징대학살과 같은 끔찍한 사건을 일으킨 것도 모자라 아예 그런 사실 자체를 부정하는 뻔뻔스러움에 우리는 아연실색한다. 반인륜적 행위에 대한 반성의 결여만큼 사람들의 폭발적인 분노를 사는 일은 없다. 그런데 반인륜이라는 말이 사람 인(人)자를 쓰기 때문일까? 어쩌면 인간과 과거사에 치중한 나머지 지금 눈앞에서 버젓이 벌어지는 홀로코스트에도 우리는 충격적일 정도로 무덤덤해져 있다.

무엇을 말하려 하는지 아직도 모르겠다면 내 주장은 이미 증명된 셈이다. 몇 년 전 극에 달했지만 거의 매년 벌어지고 있고 언제 또 터져서 한바탕 벌어질지 모르는 이 참담한 광경. 조류독감이나 구제역 등의 가축 전염병 확산에 따른 이른바 살처분 조치. 얼마나 더 봐야 이에 응당한 분노를 느낄 것인가? 그저 행정적인 '처분'에 불과한 것으로 취급당하는 이 대학살은, 이 시대의 가장 검은 비극이자 이른바 문명이라 스스로를 부르는 이 사회의 가장 섬뜩한 위선이다.

생과 사. 대체 누구의 소관인가. 콜로세움 한 중간에서 헐떡이는 검투사를 보며 엄지를 위로 치켜세울 것인지 아래로 내릴 것인지 결정하는 로마 황제의 모습. 과연 우리는 그 시대에 비해 발전된 역사 속에서 살고 있는가. 적어도 로마 황제는 한 번에 한 사람씩을 '살처분'했다. 반경 3킬로미터 안의 모든 개체를 숙청하는 따위의 만행은 그 악명 높은 칼리굴라도 상상할 수 없는 개념이었을 것이다. 당국은 사태가 더 커지는 것을 막기 위한 어쩔 수 없는 조치라 한다. 그런데 재앙은 이미 도래하지 않았는가? 아니, 멀쩡한 닭과 오리 수십만 마리를 우리 손으로 생매장한 것이 재앙이 아니고 무엇이겠는가. 게다가 이 재앙은 자연재해가 아니다. 고병원성 바이러스가 발생하고 퍼지도록 한 것도, 무고한 가금류를 대량살상하기로 결정하고 집행한 것도, 모두 인간이다. 이 사태에서 불가항력적 요소를 찾으려는 시늉으로 책임을 면해보려는 시도일랑 생각도 말자. 저승사자가 있다면, 그건 바로 우리 자신이다.

조류독감 바이러스가 이 정도로 강력해지고 지구적으로 창궐하게 된 압도적인 주원인이 공장식 축산과 유통이라는 데에는 이론의 여지가 없다. 자연 상태의 조류 개체군은 유전적 조성이 다양해서 한 가지 바이러스에 몰살당할 가능성이 매우 낮지만, 오직 알과 고기의 생산량을 높이기 위해 인공선택된 양계장의 포로들은 유전적으로 너무나 취약해서 병원성 물질의 침투에 속수무책이다. 날개를 제대로 펼 수조차 없는 공간에 평생을 살며 운동부족에 시달린 이들의 면역력은 떨어질 대로 떨어져 저항성이 없고, 이를 억지로 얼버무리기 위해 투여되는 각종 항생제와 호르몬제에 몸이 만신창이가 되어 있다. 설상가상으로 이미 환자나 다름없는 이들은 서로 격리되긴커녕 완전 밀착·밀집된 채 서로의 배설물에 뒤범벅이 되어 그 삶 같지도 않은 삶을 잠시 누린다.

이런 맥락에서 1996년 고병원성 H5N1 바이러스가 처음 발견된 곳이 위생 상태와 사육조건이 매우 열악한 중국 남동부와 아시아 지역의 가금농장이라는 사실은 전혀 놀랍지 않다. 가금류의 공장식 축산의 열렬한 선도국가 중 하나인 한국은 조류독감이 처음 발생한 2003년부터 2014년 기준으로 무려 2,500만 마리 이상의 가금류에게 매립사형을 선고하는 경기(驚氣) 반응을 일으켰지만, 이 중 실제로 감염된 개체는 121마리에 불과했다. 대체 이게 어떤 의미에서 '대책'이란 말인가? 정신이 혼미해진다. 벼룩이 왜 생기는 것인지는 완전히 잊은 채, 초가삼간은 물론 나라 전체를 태우고서도 스스로 무슨 짓을 저지르는지 모르고 있다. 마땅히 '처분'을 받아야 할 대상이 있다면, 그건 닭이나 오리가 아니다.

우리의 경악스러운 뻔뻔함은 여기에 그치지 않는다. 폐사한 가창오리 몇 마리에서 조류독감 바이러스가 검출되자마자 온 나라는 철새를 범조(犯鳥)로 지목하고 거의 선전포고에 가까운 대응태세를 갖추고 있다. 오히려 야생조류가 가축들로부터 조류독감에 감염될 수 있다는 가장 기초적인 생각조차 막무가내로 거부할 것인가? 세계 각지에서도 이와 유사한 '책임전가' 목소리가 커짐에 따라 2007년 영국조류학회지 《아이비스(Ibis)》에 조류독감의 확산과 야생조류의 역할에 대한 리뷰논문이 발표되었다.

야생 철새도 바이러스를 옮길 수는 있다. 그러나 지금까지 발병의 양상은 철새의 이주패턴과는 잘 상응하지 않으며, 오히려 가금 유통 및 수출입과 같은 인간 상업 행위의 시공간적 분포와 강하게 일치한다고 이 연구는 결론지었다. 야생조류가 독감의 전파에 기여한다고 해도 국지적인 수준이며, 전 지구적인 판데믹(pandemic, 유행병)을 초래한 명백한 주체는 인간과 축산 경제이다.

이제 제발 눈을 가리고 있는 손을 치우자. 아무렇지도 않게 치킨을 먹고 있을 때가 아니다. 가축의 사육 환경은 혁신되어야 하고, 그에 따른 가격상승은 수용되어야 한다. 이미 선진국에서는 공장식 축산으로 생산된 고기 대신 삶의 복지가 보장된 시스템하에서 길러진 가축의 고기라는 옵션이 존재하고 점점 더 많이 생겨나고 있다. 영국의 경우 가장 오래된 동물보호단체인 RSPCA(Royal Society for the Prevention of Cruelty to Animals)는 전문 평가자들을 일일이 농장에 파견하여 실사를 한 축산물을 인증한다. 가축을 위한 공간, 빛, 바닥재, 운반, 인도적 도축 등 환경과 관리의 모든 부분을 평가하여 엄격한 기준을 충족시킨 농장에 한해서만 인증을 하고, 이런 고기는 영국의 슈퍼에서 어렵지 않게 구입할 수 있다. 이미 대안은 나와 있다. 그것도 얼마든지 선택할 수 있고 또 선택해야만 하는 길이. 기존의 축산 시스템으로는 안 된다고, 지구가 호소에 호소를 거듭하고 있다. 이 목소리마저 땅에 묻어버리는 일은 하지 말자. 야생학교는 호소한다.

04

귀찮은 존재가 된 자연과 사람

약 1년 전의 일이다. 아침 출근길에 나선 나의 아버지는 올림픽대로를 달리고 있었다. 동작대교로 넘어가는 곡선구간에 이르자 길 한가운데에 아주 작은 보행자들이 눈에 띄었다. 엄마 오리와 뒤따르는 네다섯 마리의 새끼들. 아마도 한강에 있다가 남쪽으로 내려가는 길인지 종종걸음으로 이 위험천만한 도로를 건너고 있었다. 다행히도 아버지는 속도를 급히 줄이고 차를 최대한 비켜서 몰았기에 최악의 사고는 면할 수 있었다. 하지만 이 아슬아슬한 모면도 겨우 시작일 뿐, 그 방향 그대로 계속 갔다가는 그야말로 산 너머 산이었다. 과연 오리 가족이 저 무시무시한 왕복 8차선을 무사히 통과할 수 있을까. 운 좋게 살아서 그 고비를 넘겼던들 무슨 의미가 있으랴. 넘어도, 넘어도 끝이 없는 거미줄 같은 도로망이 그들을 기다리고 있음을 알

턱이 없다.

앞을 향해 돌진하는 데 바쁜 우리네 삶의 직진 운동은 사실 무단 횡단 조류 따위에 신경 쓸 겨를이 없다. 무조건 앞으로 갈 뿐이다. 오직 기계적인 전진만이 허락된 이 이상한 공간인 도로에 뭣 모르고 들어온 동물은 '이물질'과도 같은 존재이다. 그렇기 때문에 바로 제거된다. 이들은 문명의 진로에 방해가 되는 일종의 '자연 불순물'에 불과하다. 대지를 촘촘히 수놓은 거미줄 같은 도로망은 어떻게든 최단 직선거리로 이동하겠다는 의지의 발현이다. 물론 이 화려한 교통 인프라는 오직 인간만을 위한 왕도이다. 자연은, 멀리 돌아가야 한다. 아예 돌아다닐 생각을 말거나, 가뭄에 콩 나듯 놓인 좁다란 생태통로를 이용하라는 뜻이다. 우회할 생각이 없으면 죽음을 각오한 횡단을 감행해야 한다. 실제로 연간 약 1만 마리 이상의 동물이 이 어리석은 도박을 시도하다가 로드킬(roadkill)을 당하는 것으로 추산된다. 꿩, 너구리, 구렁이, 두꺼비, 삵, 고라니 등 온갖 종이 해마다 '사망자' 명단에 오른다.

도로에 가지 않는 동물은 도로가 직접 찾아간다. 인간의 직진본능은 도롱뇽이야 뭐라 하건 천성산을 관통해야 직성이 풀린다. 돌아가라니? 천만의 말씀! 내 갈 길에 놓였다면 고목(古木)이라도 우리는 둘러갈 마음이 없다. 평창 동계올림픽의 활강경기 예정지인 강원도 정선군 가리왕산의 나무 5만여 그루는 스키 선수들이 내려갈 길을 터주기 위해 벌목되었고, 산 정상부터 폭 30미터, 길이 3킬로미터 넓이의 원시림이 파괴되었다. 이 중에는 수령이 무려 600년에 이르는 주목도 포함되어 있지만, 올림픽은 인류 화합의 잔치이기에 자연은 초대 손님에서 제외되는 모양이다. 위대한 인간사를 전진시키는 과정에서 동식물 따위는 거치적거리는 부산물일 뿐이다.

그런데 이상한 일이다. 어떤 경우라도 전진을 멈추지 않는 이 사회가, 길을 가로막아도 두 팔 벌려 환영하는 일이 한 가지 있다. 바로 엔터테인먼트 산업이다. 블록버스터 영화 〈어벤져스 2〉의 서울 촬영으로 시내 곳곳에서 벌어지는 교통통제 소식은 마치 민족의 명절처럼 환대받는 분위기이다. 마포대교, 강남대로, 청담대교 등 주요 교통요지가 거대 할리우드 자본의 사적인 용도로 점유되는데도 기꺼이 둘러가겠다는 이들이 즐비하다. 한때 한강의 대표적인 애물단지 사업으로 손꼽히던 세빛둥둥섬은 가상의 IT 연구소 역할이 주어졌다는 이유만으로 하루아침에 명소가 되어버렸다. 영화 속 서울시의 카메오 출연은 기껏해야 로봇 악당에 의해 쑥대밭이 되는 역할에 그치지만 '홍보'의 기쁨에 흥분을 감추지 못했다.

불편을 호소하는 사람은 경제적 산수에 무능한 사람처럼 취급받는다. 시민의 권리 운운하는 이에게 돌아오는 답변은 대략 이런 식이다. "너의 그 하찮은 불편 조금만 감수하면 4,000억 원의 홍보 효과가 발생하는 걸 모르냐?" 허황되기 짝이 없는 이 금전적 계산법을 신봉하는 영화진흥위원회는 아예 30억 원이라는 현금 '할인 혜택'까지 제작진에게 갖다 바쳤다. 제대로 검증될 수도 없는 경제 효과의 논리가 맞나 틀리나, 또는 그 정확한 액수가 중요한 것이 아니다. 핵심은 공공 영역의 일을 결정함에 있어서, 이 땅을 터전으로 삼고 있는 존재와 그들의 삶이 부차적인 대상으로 여겨진다는 점이다. 전혀 공익적인 성격이 아닌 일에 자신의 정당한 권리를 순순히 양보해야 하는 시민은 무소불위의 엔터테인먼트 산업이 활보하는 대로(大路)에 곁다리로 전락한다. 심지어 구경꾼의 역할마저 쉽게 허락되지 않는 초라한 신세이다. 여기에 적은 제작비로 예술성을 추구하는 독립영화 종사자들이 느낄 분노와 절망은 감히 상상하기 힘들 것이다. 인간이 전진하는 데 귀찮은 존재가 되어버린 자연, 그 로드킬의 상징성이 와 닿는 요즘이라고, 야생학교는 탄식한다.

05

축제 유감:
문화와 생명이 결여된 먹기 일색

삶과 생존은 다르다. 그래서 죽지 못해 산다는 말이 있다. 숨은 붙어 있지만 살고 있는 것 같지가 않을 때 나오는 말이다. 여기에는 삶을 원하지만 생존을 하고 있으니 참으로 원통하다는 마음도 담겨 있다. 그저 목숨을 부지하는 것으로 인생이 충분하다면 왜 이런 호소가 나오겠는가. 사람은 빵 또는 밥만으로 살 수 없기에 뭔가 질적으로 나은 생활을 하게 될 때, 비로소 사는 데 급급하지 않고 진짜 사람답게 산다고 우리는 말한다.

요즘 같은 경쟁 시대에 이게 웬 호사스러운 말인가 싶은 사람은 자신을 돌아보라. 정말로 더 나은 삶의 질을 추구하지 않는지. 중요한 날에는 좀 근사한 데에서 식사하며 기념하고, 자주는 못 읽어도 어쩌다 기분이 동할 땐 미루던 책을 집어 몇 줄이라도 읽어본다. 내 직업이나 경력과 무관한 것인데도 말이다. 영화나 공연으로 굳어만 가는 감수성을 잠시나마 회복시켜보고, 새 옷 한 벌로 기분전환을 시도해보기도 한다. 강연장을 기웃거리고, 괜히 기부도 하고, 안 하던 봉사활동 기회도 찾아본다. 더욱이 사랑하는 사람 앞에서는 좀 더 큰 사람이 되고 싶다. 인간이란 그런 존재이다. 정신을 고양시키고 싶은 동물이다.

그런데 잘 안 된다. 정말 원하는데도 환경이 받쳐주지를 않는다. 갈 데가 없다고 사람들은 말한다. 사실이다. 마음을 한 차원 더 성숙시켜줄 자유롭고 아름다운 물리적 공간만이 없는 게 아니라, 그 마음을 보듬고 자극하고 키워주는 정신적 환경도 없다. 옛날 옛적에는 있었는지도 모른다. 고요한 아침과 선비 정신, 풍류와 강강술래의 나라에서는 사람이 사람답기가 더 수월하지 않았을까.

지금은, 너무나도 어렵다. 정신은 잘 보이지 않고 말초적 감각만 눈에 띈다. 외출을 해보라. 식욕과 성욕, 그리고 소비욕의 코드를 꽂을 콘센트만이 즐비하다. 그중에서도 먹기에 대한 열기가 가장 기세등등하다. 어느새 문화가 깃들었던 것은 모두 먹을거리로 대체되었다. 아니, 이제는 먹을거리가 곧 문화라는 등식마저 성립한다. 모든 환송회도 환영회도 밥으로 시작해서 밥으로 끝나고, 모든 결혼식도 장례식도 식사가 핵심이다. 모든 동문회도 체육대회도 야유회도 식순(式順)보다 식순(食順)이 중요하다.

이 현상은 이른바 말하는 '축제'에서 가장 잘 드러난다. 축제는 한 집단이 자신들의 고유한 문화를 드러내는 대표적 표현방식이라 할 수 있다. 그러나 이 땅에서 벌어지는 거의 모든 축제는 '단체로 뭔가를 먹는 행사'의 또 다른 표현일 뿐이다. 얼핏 보면 축제라는 말 앞에 붙는 그 대상을 받드는 것 같지만, 실은 그것을 마구 섭취하는 행위를 정당화하는 자리일 뿐이다.

물론 음식은 삶의 기초이다. 하지만 '식문화'라는 말처럼 무엇을 어떻게 먹는지에 따라 단순섭식이 될 수도 있고, 정신을 고양시키는 문화가 될 수도 있다. 은은한 도자기나 놋그릇에 소박하게 담겨 나오는 한정식에서 이런 문화가 엿보인다. 김밥의 색동 단면, 동치미에 띄운 어슷어슷 썬 붉은 고추 한 조각에서 세련된 미학이 느껴진다. 시를 읊으며 주고받던 술잔, 곧게 앉은 자세로 하던 정자 위 식사에는 우리만의 멋이 있다. 먹을 때 먹더라도 멋있게 먹을 줄 알았던 한때 우리네 식문화에 비춰보면, 팔도강산 전체를 하나의 거대한 저잣거리로 만드는 이 축제, 오직 먹기를 위한 먹기는 도저히 문화라는 말을 붙이기가 힘들다. 문화가 없는 식(食)인데 어찌 축제인가 의아할 따름이다.

식사의 문화적 측면이 혼란스러운 이때에 우리를 강타한 것이 바로 대구 '치맥' 축제다. 무슨 이유에서인지 치킨이 거리응원, 야식, 퇴근 후 한 잔의 정식 메뉴로 채택되면서 이곳은 닭튀김 냄새가 진동하는 땅이 되어버렸다. 알고 보면 '치와 맥'의 음식궁합이 안 좋다는 사실, 튀긴 음식과 지나친 육식의 건강상 문제, 매년 수억 마리가 도축되는 공장식 축산 실태 및 이에 따른 윤리적 문제 등은 일단 차치하기로 하자. 안 그래도 차고 넘쳐나는 것이 치킨집인데, 그것의 초대형 블록버스터 버전이 탄생한 것이다. 한 기사의 제목대로 '40만 명이 닭 40만 마리를 해치우는' 이 난리굿은 거의 닭에 대한 선전포고 수준이다. 끈적끈적한 기름과 누런 맥주 바다에 해운대 인파처럼 모인 이 인해전술 닭 전쟁은 대구의 전통은 물론 아니요, 축제로 기릴 우리의 식문화도 아니다. 드라마 주인공의 한마디에 중국 사람들이 잠시 '치맥'을 좋아했다고 해서 한국이 김구가 말한 '아름다운 문화국가'에 조금도 가까워지지 않는다. 돈이 되지 않느냐고, 흔히들 이야기한다. 그렇다면 돈벌이지, 문화는 결코 아니다. 축제라는 설레는 이름이 더 이상 천박해지지 않도록, '치맥' 같은 합성어가 없는 식문화가 어서 돌아오기를, 야생학교는 염원한다.

06

연말, 그것은 '나'의 계절

한 해의 끝자락이 보인다. 움츠린 어깨, 빙빙 두른 목도리, 모락모락 입김. 시린 바람 속을 걷는 이들은 자신들이 향하는 따뜻한 목적지를 생각하며 발길을 재촉한다. 세상만사의 다사다난함이 일단락되는 이 정기적 시점에 돌입하면 도시는 들뜨기 시작한다. 연말은 정정당당한 쉼과 축제를 의미하지 않던가. 다정한 이들과 모이기, 음식 마음껏 먹기, 흥겨움에 탐닉하기 등의 행위가 거의 의무화되는 이 시간이 있기에 1년 동안의 고생과 인내를 뒤돌아보고 또 조금이나마 보상받을 수 있는 것이다. 열심히 일한 당신, 이제는 쉬어라.

얼마나 보람차게 지난 12개월을 보냈는지는 천차만별이더라도 추위가 절정에 달하는 와중에 해가 바뀌는 이때를 맞이하는 이들은 모두 평등한 생존자들이 된다. 큰 탈 없이 여기까지 온 것이 어디냐. 축배를 들어야 마땅한 일이로다. 그래서 실제로 사방팔방에서 열심히 축배를 들고 있다. 하루가 멀다 하고 잡혀 있는 송년회와 각종 모임, 파티와 가족 행사마다 '우리가 올해도 이렇게 함께 살아왔음'에 대한 축하가 울려 퍼진다. 때로는 좀 과하다 싶을 때도 있지만 누가 탓을 하겠는가. 기념하지 않으며 사는 삶이란 죽은 것이나 다름없다. 내가 이렇게 한 살을 더 먹는구나. 그러니 이때만큼은 넓은 세상 사이걸랑 잠시 잊고 다분히 협소한 '나'에 각자 집중한다 해도 무방할 것이다. 연말, 그것은 '나의 계절'이다.

그래서 연말연시에는 사회적 의무감이나 대의적 공명심을 요구하는 '큰일'은 별로 벌어지지 않는다. 누구나 마무리 모드로 들어가 오로지 포근함과 따뜻함을 찾고 싶을 뿐인데 이때 괜스레 거창한 소리를 늘어놨다가는 역효과만 보기 십상이다. 한마디로 좋은 게 좋고, 괜한 잔소리 따위는 삼가는 분위기가 압도하는 세상. 문명이 정한 일 년이라는 단위에 마침표를 찍는 이 시기는 그래서 보기에 따라 다른 어느 계절보다도 고달플 수 있다. 아주 외롭고 고독할 수 있다. 내가 상대적으로 소외된 사회 계층에 속해 있거나, 내 가정 형편이 어렵거나, 나의 대인 관계가 원만하지 않아서 그렇게 느껴질지도 모른다. 아니면 내가 유난히 힘든 한 해를 보냈거나, 나의 건강이 허락하지 않아 연말연시의 기분에 동참하지 못하는 것일 수도 있다. 모두 안타깝고 슬픈 일이다. 하지만 모두 여전히 '나'에 국한된 관점으로부터 비롯된 행복과 불행이라는 측면에서 그 본질은 그리 다르지 않다. 그러나 연말연시가 가져다주는 보다 근본적인 힘듦은, '나'의 축제에 '세상'이 깡그리 잊힘을 목도해야 하는 것이다.

가게마다 진열된 예쁜 선물은 주는 이의 훈훈한 마음을 잘 담을지 모르지만, 그 마음이 전달되자마자 과한 포장 재료와 낭비된 종이를 한순간에 쓰레기로 둔갑시키는 것에는 모두가 무심하다. 식당과 주점은 평소보다 늦은 시각까지 주방을 돌리며 단체손님을 맞이하는 대목을 누리지만, 그 덕에 급증하는 엄청난 양의 음식 쓰레기와 도살되는 가축은 이런 시기라면 특히 논외의 대상이다. 날카로워진 추위에 좀 더 따듯함을 좇는 것은 당연지사이지만, 눈에 띄게 그 수가 늘어난 모피코트는 산 채로 가죽이 벗겨진 동물들의 비명에 무감각한 차가움을 역설적으로 드러내준다. 호텔과 빌딩 앞을 수놓는 줄 전구는 연말다운 분위기를 한껏 조성하는지 모르겠지만, 전선에 칭칭 감겨 전봇대로 전락해버린 애꿎은 나무들을 향한 따뜻한 눈길은 없다. 즐거운 연말인데, 이 무슨 분위기 못 맞추는 소리.

분위기? 지금 지구 전체의 분위기는 어떤가? 지난 2014년 12월

14일 페루 리마에서 열린 제20차 기후변화협약 당사국 총회는 열띤 협상과 온갖 우여곡절 끝에 '기후 행동에 관한 결정문'을 채택하였다. 리마 총회는 처음으로 모든 국가가 온실가스 감축에 참여하기로 했다는 점에서 기후변화 대응에 관한 국제공조의 쾌거로 여겨진다. 그 후 2015년 12월 12일에 열린 파리 총회에서는 교토 의정서 이후 지구의 운명을 바꿀 새로운 기후변화 체제에 전 지구가 극적으로 합의하는 역사적인 사건이 벌어졌다. 난항을 거듭했던 협상은 당초보다 오래 걸리면서 파국을 맞이하는 것 아닌가 하는 우려를 낳기도 했지만, 모처럼 '어른들답게' 인류는 함께 지구를 구하기로 마음을 먹은 것이다. 총회에 참석한 당사국 대표들 또한 어렵사리 달성한 과업을 두고 축배를 들었을 것이다. 연말에 축하할 일이 하나 는 셈이다.

깊어가는 밤을 밝히는 화려한 전등불과 연회장을 따뜻하게 달궈주는 난방장치, 끊임없이 재생되는 음악과 동영상. 한 해가 저물어가는 지금 지구촌 곳곳에서 배출된 탄소가 모락모락 대기로 떠오른다. 살기 위해, 만나서 이야기하기 위해, 축하하고 기념하기 위해 어쩔 수 없는 일이다. 그렇다. 하지만 나와 우리가 주인공이 되는 올해의 마지막 자리에서도 세상을 완전히 잊어서는 안된다. 축제에 초대받지 않은 자연, 그것이 우리의 전부이기 때문이다. 창문 너머로 보이는 추운 바깥을, 야생학교는 잊지 않는다.

07

말이 되는 말

전국이 젊음으로 넘실거린다. 휴가철이라 그런지 산과 계곡과 바다에 모습을 드러낸 젊은이들이 유독 눈에 띈다. 건강한 신체, 지치지 않는 에너지, 넘치는 기상. 무엇이 그리도 즐거운지 자기들끼리 뒹굴고 노느라 정신이 없다. 특히 부모님 슬하를 벗어나 어엿한 성인으로서 친구끼리 여행 온 20대 대학생들의 자유로움은 청춘을 몸으로 보여준다. 이들을 보고 있노라면 누구나 이런 생각이 들곤 한다. 나도 한때는 저랬지. 좋을 때다. 이렇게 사람 구경하며 과거를 반추해 보는 것도 피서의 한 가지 맛. 어느덧 상념은 추억 속을 거닐고 있다.

가만 있자. 맞아 그랬지. 히히히. 하지만 그 시절이라 해도 모두 좋은 기억만 떠오르는 것은 아니다. 힘들었던 때도 많았다. 학기말 시험공부, 취직과 결혼 걱정, 산더미 같던 리포트……. 참, 이제는 그런 거 다 벗어나서 다행이다. 안도의 미소를 지어본다.

하지만 정녕 모두 벗어난 것일까? 웬만한 통과의례는 다 해치웠는지 몰라도 한 가지는 끝까지 따라와 절대로 떨쳐버릴 수 없다. 뭔고 하니 바로 리포트다. 어디서 뭘 하든, 기안이나 보고서 등 과거 리포트에 준하는 각종 문서 작성의 일로부터 완전히 벗어나기란 거의 불가능에 가깝다. 분야는 달라도 결국 활자화된 문서로 의사소통하며 업무를 진행하는 것만은 모두 마찬가지가 아닌가. 글로 의미를 확정하고 전달하는 행위는 시간을 초월하여 가장 본질적 행위 중 하나다.

그래서 대학생 때 리포트를 쓰며 연마했던 각종 기술은 평생 쓰인다. 온갖 테크닉이 있겠지만 핵심은 단순하다. 말이 되는 말을 쓰는 것이다. 방금 타자 친 그 문장을 읽고 나서 그것이 비문인지 아닌지, 시제와 앞뒤 호응은 맞는지, 따지고 점검해야 한다. 그리고 또 한 가지. 의미의 측면에서 문장의 기초 논리가 성립하는지를 보는 것이다. 가령 "우리나라는 면적이 작아서 공간이 여유롭다"와 같은 문장을 쓰지 않는 것을 의미한다. 비록 기계적인 오류는 없어 보이는 문장이라도 의미론적으로 '말이 되지' 않으면 논리를 구성하는 데 실패한 것으로 봐야 한다. 직관적으로 말이 안 되는 문장을 굳이 삽입하려 한다면, 그것은 별도의 설명 또는 정당화를 필요로 한다. 명확하고, 당연하고, 근본적인 규칙이다. 그리고 이 규칙은 모든 종류의 글쓰기와 말하기에서 가장 기본 중의 기본이다.

무슨 이유에서인지, 생태 및 환경 분야에 관한 발언이나 기사를 보면 이런 기본조차 대단히 심각하게 위배한 사례들이 즐비하다. 말 못하는 자연이 관련되어서 함부로 대하는 것일까? 그저 실수로 보아 넘기기에는 그 의도마저 불순하게 느껴져 짚고 넘어가지 않을 수 없을 정도이다.

가령 7월 9일 기사에, "정부가 메르스 사태로 인한 외국인 관광객 감소 대책의 하나로 전국 산 70퍼센트 정상에 골프장과 호텔, 레스토랑 등을 지을 수 있도록 허용한다"고 했다(〈경향신문〉 2015년 7월 9일자 보도). 전염병에 의한 감소라며? 그렇다면 당연히 전염병이 창궐하지 않도록 조치하는 것이 그 사태에 대한 대책이 아닌가? 어엿한 문장처럼 보이지만 산을 깎아 골프장을 짓게 한다는 문장의 뒷부분은 앞부분에 의해 조금도 정당화되지 않는다.

심지어 같은 기사 말미에는 "기획재정부는 인구 감소로 사람들이 산에 많이 가지 않으면서 산길이 사라지는 등 산이 되레 황폐해져 사람이 많이 찾을 필요가 있다"고도 했다. 산길이 없어지는 것이 산의 황폐화라니! 이것은 마치 머리숱이 많아지는 것을 머리의 황폐화라고 말하는 것과 같다. 자연이 울창해지는 현상을 황폐화로 본다면 출입이 금지된 보호림이나 산림 복원 사업 따위는 다 뭐란 말인가? 이런 논리에 따르면 비무장지대(DMZ)야말로 가장 황폐화된 곳이다. 산 정상에 올라가 민둥산이 안 보이면 혀를 차야 할 지경이다.

비슷한 사례를 찾는 것은 쉽다. 경남 창원에 위치한 주남저수지의 일부인 산남저수지에 30억 원을 들여 낚시터를 만든다는 계획을 다룬 기사에서는 창원시 관계자가 "산남저수지에는 오리 몇 마리 있고, 두루미 이런 게 안 옵니다. 서로 윈윈하고 살아야 되죠"라고 하고 있다(〈JTBC〉 2015년 7월 10일자 보도). 안 그래도 급속도로 감소하고 있는 서식지가 바로 습지다.

국제 습지협약인 람사르 협약에 엄연히 등재된 주남저수지와 완전히 한 몸인 저수지. 생물이 별로 살고 있지 않다는 말도 물론 사실이 아니지만, 마치 '오리 몇 마리'는 고려의 대상도 아니라는 뉘앙스. 게다가 자연 서식지를 파괴하는 개발임에도 불구하고 이를 윈윈이라고 말하는 해괴망측한 표현까지. 이런 발언을 한 사람은 졸업장을 모조리 압수하고 학교를 처음부터 다시 다니게 해야 한다. 자신의 터전에 수백 개의 낚시 바늘이 들어오는데, 약간이라도 새에게 '윈'인 상황은 없다.

예를 끝도 없이 들 수는 없지만, 이명박 전 대통령의 발언을 여기에 포함하지 않고서는 이 컬렉션이 완성될 수 없다. 약 2년 전 그는 "녹조가 생기는 건 수질이 나아졌다는 뜻"이라고 했다. 아, 그렇구나. 그러니까 쓰레기통에서 썩고 있는 저 음식은 점점 먹기 좋아지는 것이구나. 녹조는 강이 내뱉는 가래 정도인가 보구나. 이 정도로 모든 것을 엎어도 되는 거면 말이 무슨 소용인가. 허탈한 쓴웃음만, 야생학교는 짓는다.

08

생태적 국치일

재작년에 일어난 일이다. 내가 사는 집 앞에는 작은 녹지가 하나 있다. 제대로 된 마당이라고 할 수는 없는, 몇 그루의 나무와 관목으로 꾸며진 얇은 녹색 띠에 불과하다. 조경업자들이 인공적인 시각과 방법으로 조성한 녹지가 다 그렇듯, 이렇다 할 생물이 발붙이고 살 만한 곳은 아니다. 그럼에도 이따금씩 찾아오는 이들이 있고, 그중에서도 내가 애타게 기다리는 방문자가 있다.

바로 둥지를 틀러 오는 새들이다. 오목눈이들은 그저 놀다 가기만 하고, 어치 한 쌍이 집을 보러 왔다가 마음에 썩 안 차는지 연락이 없었다. 그러던 어느 날, 멧비둘기 부부가 찾아왔다. 거실 창문 바로 앞 나무에서 조류 새댁의 움직임이 점점 부산해지더니, 며칠 후에는 둥지의 기틀 같은 것이 나무 깊숙한 곳에 만들어졌다. 새들이 이사를 온 것이었다! 나는 새들의 마음이 바뀔세라 창문 주변에 함부로 다니지 않았다.

그러던 어느 날, 사람들이 위층으로 이사를 왔다. 사다리차가 오더니 나무 사이를 벌려놓고 기계음을 내며 가구를 날랐다. 멧비둘기 신혼집이 있는 바로 그 나무를 건든 것은 아니었다. 짐 운반도 하루 안에 마무리되었다.

몇 그루 건너서 벌어지는 몇 시간의 작업이었음에도, 그날 새들은 떠났다. 둥지를 버린 채. 인간에게 가장 익숙한 도시 조류인 멧비둘기조차 그해의 번식을 포기할 만큼 사다리차의 왕복 운동은 불편했던 것이다. 사람이 이사 온 날이 바로 동물이 이사를 간 날이었다.

자연은 죽더라도 천천히 죽는다. 개발이 닥친 숲에 갑자기 사체가 나뒹구는 것이 아니다. 살아남은 자들은 점점 좁은 면적에 몰리게 되고, 번식률이 떨어지면서 개체군이 서서히 감소한다. 여기에 질병이나 자연재해 등의 우연적 사고가 발생하고, 서식지 부족으로 다 자란 개체들이 독립을 하지 못해 경쟁이 치열해진다. 영양 섭취 활동이 어려워지고 그럴수록 번식은 뒷전으로 밀린다. 개체군은 더욱 줄어든다. 어느새 동종(同種)을 만나기가 어려워진다. 외로운 이들이 터덜터덜 걷다가 하나둘 픽픽 쓰러진다. 마지막 개체마저. 멸종이 찾아온 것이다.

지난 20년 동안 국립공원에 한 번도 허가되지 않았던 케이블카를, 이 땅의 가장 깊은 산 중 하나에 설치하도록 승인되었다는 비보(悲報)가 울려 퍼진 2015년 8월 28일은 역사에 남을 생태적 국치일이다. 차라리 외세에 의해 우리의 것을 침탈당했다면 슬퍼할 자격이라도 있다. 스스로 천연보호구역, 유네스코 생물권보전지역, 국립공원, 산림유전자원보호구역, 백두대간보호지역 등 5개씩이나 보호구역으로 지정해 놓고서 뒤엎은 자가 무슨 낯으로 눈물을 흘리겠나. 그저 한없이 치욕적일 뿐이다.

산양에게 붙인 멸종위기 야생동물 1급이라는 초라한 딱지는 어린이나 외국인이 보면 어쩌나 싶을 정도로 두렵고 수치스러운 우리의 추한 민낯이다. 이미 궁지에 몰릴 대로 몰린 산양 서식지의 심장부에 쳐들어가는 바로 그 결정을 내리면서, 그 조건으로 "산양 문제 추가 조사 및 멸종위기종 보호 대책 수립"을 내세우는 자기모순이 부끄러운 줄 모르는 뻔뻔함. 행동권역이 0.88제곱킬로미터에 불과한 설악산 산양에게 이동 통로와 서식지가 다르다고 주장하는 무식하고 폭력적인 억지. 거기에다 지리산과 함양군 등 10여 곳에서 추진하는 케이블카 사업의 물꼬를 터준 국립공원위원회. 이번 결정에 찬성, 유보 및 기권 표를 던진 위원회 소속 17인은 이 땅의 생명과 생태 역사의 반역자들이다.

설악산 케이블카 논란은 개발과 보전 간의 대립 이슈가 아니다. 국토의 5~6퍼센트에 불과한 국립공원은 다른 데는 지지고 볶더라도 여기만큼은 자연에 맡겨두기로 우리가 결정한 공간이다. 겨우 벼룩의 간을 떼어주고도, 이제는 그것마저 손대겠다는 것은 넘지 말아야 하는 마지막 선을 넘는 행위요, 반(反)생명의 판도라 상자를 열어젖히는 행위다. 바로 이런 의미에서 케이블카 설치가 노인 및 장애인 등 교통약자를 위한 것이라는 논리는 오류다. 그들보다 훨씬 약자인, 단순히 교통이 문제가 아니라 생존 차원의 약자인 동식물의 권리가 우선되어야 하는 곳이 바로 국립공원이다. 게다가 '인간의 볼 권리'라는 미명하에 자연의 희생을 정당화하는 논리는 바로 동물원의 기초 논리와 일치한다. 누구나 아프리카에 갈 수 없기에 기린과 사자를 잡아와야 한다는 주장은 과거에는 통했는지 모르지만, 세계 최초로 동물원 없는 국가가 탄생하고 있는 작금의 시대에는 이미 폐기된 논리다.

설악산 개발 문제는 양양군 주민의 의사에 따라 결정되어야 한다는 생각도 오류이다. 산양, 담비, 삵, 하늘다람쥐 등 진짜 설악산 주민, 설악산 본인보다 중요한 당사자는 없다. 또한 설악산 국립공원은 한 지자체의 관할이 아니라 대한민국 전체는 물론 세계의 유산이다. 자신의 영토 내에 있다는 이유 하나로 문화재를 깨부숴 팔아먹는 이슬람국가(IS)의 만행을 국제사회가 입을 모아 비판하는 이유가 바로 여기에 있다.

화가 정선이 오늘날 다시 태어나 산수화를 그린다면 능선에 케이블카를 덧칠해야 할 판이다. 허망하고, 부끄럽고, 통탄할 일이 아닐 수 없다. 야생학교는 흐느낀다.

09

살아 있다는 것이 죄

한때 이과 계열의 대학원을 다니던 동생이 자주 늘어놓던 푸념이다. 자신에게 주어진 일 중 하나는 값비싼 분석 장비가 잘 돌아가는지 살피는 일이었는데, 그저 옆에 붙어 있어야 한다는 것이었다. 한두 가지 기본적인 단추를 조작하거나 계기판을 보면서 혹시 문제가 일어나면 전문 기사에게 연락을 돌리는 일 정도였다. 보통은 아무 일도 안 일어나기 때문에 그야말로 허송세월을 보내는 기분이었다고 한다. 그러다 어딘가에 불이 켜지면, 무의미한 존재로서의 오랜 침묵을 깨고 기계를 돌보는 역할을 잠시 발휘하는 처지였던 것이다. 그 어떤 능력이나 기술과 무관한, 그저 자리를 지키기만 하면 되는 역할이었다.

내 동생과 비슷한 경험을 가진 사람이라면 이 기분을 잘 알 것이다. 너무나도 단순한 노동을 할 때 느끼는 그 지루함과 무료함과 비참함. 이 일에 '나' 대신 기계를 쓰지 않는 이유는 딱 하나다. 내가 살아있는 생명체이기 때문이다. 상황을 인지하며 변화를 지각하는 생물이기에 그에 따른 적절한 반응을 할 수 있으며, 그것만으로도 그 어떤 정교한 첨단 기계보다 뛰어나기 때문이다. 물론 기술의 발전과 생산 비용의 감소로 나도 언젠가 기계에 의해 대체될 수 있다. 실제로 많은 일들이 자동화됨으로써 일자리가 사라지기도 한 세상 아닌가. 하지만 여전히 이 사회는 생물만이 가진 인지 및 판단 능력이 요긴하게 쓰이는 곳으로, 비록 그 생물한테는 지극히 단순한 일일지라도 기계에 맡기기에는 어렵거나, 부적절하거나, 못 미더운 일들이 많다. 또 그런 일자리에는 당연히 사람이 배치된다. 하다못해 일자리 창출을 위해서라도 말이다.

하지만 그렇다 하더라도 그 일을 해야 하는 이에게는 고욕이다. 자신이 생명으로서 보유한 감각기관의 섬세함과 민감함은 이런 지루하기 짝이 없는 일을 수행하기 위해 존재하는 것이 아니기 때문이다. 보다 자연스럽고 재미있거나, 의미 있고 보람된 일에 나의 이 생리 기능들이 동원될 수만 있다면! 제 기능을 충분히 발휘하지 못하는 생물의 오장육부는 불만족에 꿈틀거린다. 멍하니 계기판을 바라보거나, 무슨 스위치 내렸다 올렸다 하려고 태어난 게 아니지 않은가. 그래서 그저 성능 좋은 기계 수준의 노동력으로 취급받을 때 인간은 심히 괴롭다. 자동 응답 시스템 대신에 전화 받는 일만 맡은 자가 미치겠는 이유는 일이 반복적이기 때문이기도 하지만, 그보다는 나의 기본적인 '생체 작용'이 노동으로써 착취당하고, 나의 존재가 나의 '생리'로 축소되기 때문이다. 귀가 있으니 전화벨을 듣고, 손이 있으니 수화기를 들고, 입이 있으니 말을 해야 하는 것이다. 말하자면, 살아있는 게 죄인 것이다.

그러나 피해자는 인간만이 아니다. 예부터 지금까지 수많은 동식물들이 자신의 평생을 바쳐 인간에게 서비스하다가 이 세상을 떠났고 또 떠나고 있다. 모든 생물은 어차피 누군가의 먹이이다. 물론 어떻게 먹이가 되느냐는 무척 중요하다. 여기서 문제는 갈 때 가더라도, 그들의 원초적인 생리가 착취의 대상이 되고, 살면 살수록 더 착취된다는 데에 있다. 가령 집 앞에 아주 짧은 줄로 묶어놓은 개는 개의 본성 때문에 외부로부터 접근하는 모든 '낌새'를 향해 짖는다. 개의 기본적인 생리인 이 경계 행동이 집을 침입자로부터 지키는 효과가 있기 때문에 경보 기능으로 활용되고 있는 것이다. 감각이 더 살아있는 개일수록 더 잘 짖고 따라서 더 잘 지킨다. 그러나 죽는 순간까지 그 개의 줄은 풀어지지도 길어지지도 않는다. 식구의 구성원으로서가 아니라 어딘가에 묶여 길러지는 모든 개는 자신의 생명 활동 자체를 경보시스템으로서 착취당하고 있는 것이다.

마찬가지로 좁은 새장에 가둔 새는 노래 기능을, 열악한 수조 안에 갇힌 물고기는 관상 기능을 착취당하고 있다. 할 게 아무것도 없는 새장 속 카나리아는 열심히 울어보기라도 하지만, 운다는 바로 그 사실 때문에 새장의 문은 절대로 열리지 않는다. 일본이나 중국에서 행해지는 가마우지 낚시는 생리적 착취를 한 단계 더 발전시킨 사례다. 고기잡이 귀신인 가마우지는 신나게 물속으로 뛰어들어 먹잇감을 잡지만, 이상하게 삼킬 수가 없다. 주인이 목을 줄로 죄여놨기 때문이다. 꿀꺽하지 못한 물고기는 고스란히 주인의 바구니에 쌓이지만 바보 같은 가마우지는 이 짓을 반복해서 할뿐이다. 자신의 생리이기 때문이다.

이런 광경이 낯설게 느껴지는 현대 사회에서도 생리적 착취는 매일매일, 대규모로 자행된다. 횟집 앞 수조에는 온갖 종류의 생선, 갑각류, 연체동물이 물건처럼 포개져 있다. 왜 죽이지 않고 저렇게 두는가? 바로 그들의 목숨이 그들의 유통 가치이기 때문이다. 싱싱함이 생명인 해산물은 가까스로 숨이 붙어있도록 두어야 죽어서 썩지 않기 때문이다. 즉, 물고기와 오징어와 대게의 호흡 활동 자체가 저장 기능으로서 착취당하고 있는 것이다.

진나라 때 차윤이 비단 주머니에 반딧불 수십 마리를 모아 그 빛으로 글을 읽었다하여 그 고생과 보람을 가리켜 형설지공(螢雪之功)이라 한다. 따지고 보면 이 반딧불들 역시 발광(發光)기능이 착취된 것 아닌가? 그래도 그 시절에는 자유로운 반딧불이라도 많았으리라. 아니 글을 다 읽은 다음 다 풀어줬을 거야. 야생학교는 믿고 싶다.

10

지구를 구할 수 있는, 그러나 구하지 않는 사람들

모처럼의 휴가를 맞이해서 어딘가로 떠나는 여행. 그 여정 속에서 나는 자리 앞에 비치된 잡지를 하나 펴든다. 이국적인 꿈의 행선지가 소개된 기사들을 천천히 음미하며, 언젠가 나도 저곳에 가보겠지 야무진 다짐을 해보기도 한다. 바쁜 평소와는 달리 시간을 갖고 광고조차 탐독하며 음미하지만, 한 가지에서 늘 눈살이 찌푸려진다. 뭔고 하니, 한국에 대한 글이나 사진의 비현실성을 마주했을 때이다. 고요한 아침의 나라, 여유와 풍류가 넘치는 문화와 사회, 전통과 현대의 자연스러운 조화, 잘 보존된 태곳적 자연 등등. 아무리 생각해 봐도 이건 현재 내 나라의 이야기가 아니다. 완전히 거짓말은 아닐지언정 적어도 대표성을 지닌 묘사는 분명히 아니다. 굳이 추한 면을 내세울 것도 없지만, 줄기차게 극히 일부나 과거만을 추려서 선전할 노릇도 아니라는 생각이 들어 이내 잡지를 덮고 만다.

휴우. 우리는 누군가. 오늘날 한국이라는 실체를 구성하는 우리의 가장 큰 특징은 무엇일까. 나는 자문해 본다. 어차피 도착하려면 시간도 한참 남았고 특별히 할 일도 없다. 세 가지 특징이 가장 먼저 머리에 떠오른다.

첫 번째는 미래다. 우리는 언제나 현재보다 미래가 중요한 사람들이다. 미래를 위해 현재를 희생하는 것은 너무도 당연하며, 인생의 모든 시기는 그 다음 단계를 준비하는 데 얼마나 잘 쓰였는지에 따라 평가된다. 고등학교는 대학교를 위해 완전히 복속되는 기간이라는 데에 아무도 이의를 제기하지 않는다. 고등학생으로서의 '생활'이란 없다. 대학의 준비 단계로서만 정의될 뿐이다. 대학은 잠시 '대학 생활'이라는 시기를 갖지만, 곧 취직을 위해 헌납된다. 어렵사리 취직에 성공해도 현재를 즐길 여유는 없다. 승진하려면 지금 더 성과를 내야하고 또 다가올 결혼 준비에 오늘 박차를 가해야 한다. 결혼 후에는 출산, 출산 후에는 교육, 교육의 두 번째 바퀴가 시작된다. 그리고 노후. 자동차나 부동산을 살 때에도 나중에 팔 때의 가치가 구매 결정에 1순위 기준으로 작용한다. 미래의 그림자가 너무 큰 나머지 현재를 완전히 집어삼킨다. 압도적인 미래의 나라.

두 번째는 연결이다. 예부터도 사돈의 팔촌까지 일일이 정확한 촌수를 세어가며 사람들 간의 연결과 관계에 유난히 민감했던 우리다. 평균 3.6명을 거치면 모두가 아는 사이라는 우리는 오래된 혈연, 지연, 학연의 관습과 더불어 지금은 통신망에 대한 열성과 집착이 우리 사회의 연결망을 더욱 촘촘하고 단단하게 조이고 있다. 모든 국민은 자신의 통신 단말기에 고개를 처박고 하루를 보내며, 차마 수를 헤아릴 수 없는 양의 인터넷 콘텐츠를 매일 산소처럼 소비하며 산다. 연인들은 상호간의 연결 상태를 아예 끊는 법이 없이 깨어있는 시간은 거의 모두 문자와 전화를 주고받는다. 어쩌다가 안테나나 와이파이가 터지지 않는 곳에 들어서면 마치 공기가 더 이상 공급되지 않는 듯한 공포와 불안감에 떨며 모두들 어머니 품과 같은 전파 신호를 찾는 데 여념이 없다. 해외로 나갈 때에도 로밍이나 데이터는 필수이고, 어디서 뭘 하든 그 활동은 페이스북에 올려야 완성된다. 물 샐 틈 없는 연결의 나라.

세 번째는 변화다. 한국에서 나오는 광고의 절대다수는 "아직도 ○○을 하고 계십니까?"로 소비자를 훈계, 설득, 협박한다. 멀쩡히 사용하고 있던 물건이나 서비스라 하더라도 가만히 옛것에 머물러 있다면 이미 구시대적인 것이다. 국가 슬로건인 '다이내믹 코리아'처럼 상점과 건물은 하루가 멀다 하고 생겼다 없어졌다 하고, 공사에 시달리지 않는 동네가 없다. 다시 뜯고 고치고 바꾸지 않으면 성미에 안 차는지, 얼굴이나 몸매도 가만 놔두지 않는다. 유행의 엄청난 진행 속도는 웬만한 대상, 표현, 양식을 금세 구닥다리로 만들어버리고 다음 타깃으로 옮긴다. "한창 떠들썩하더니 이젠 쑥 들어갔네!"라는 말이 적용되지 않는 것이 단 하나도 없는 변화의 쳇바퀴 속에서 모두가 달리고 있다. 몰아치는 변화의 나라.

그런데 공교롭게도 지구가 가장 필요로 하는 것 역시 바로 이 세 가지이다. 환경 파괴와 기후변화에 신음하는 지구를 구하려면 보다 많은 사람들이 이 덕목을 갖추어야 하는 것이다. 우리는 당장 오늘을 벗어나 후손들에게 물려줄 미래를 생각해야 한다. 또 인간은 자연과 생태계의 커다란 그물망에 모두 연결된 상호 의존적인 신세라는 것을 명심해야 한다. 그리고 수습 불가능해지기 전에 사고방식과 행동 양식을 변화시켜야 한다. 전 세계의 지구와 환경을 걱정하는 모든 활동가와 단체는 이 세 가지를 한결같이 강조하고 있다. 그렇다면 바로 우리야말로 지구를 구하는 데 제격인 사람들이 아닌가?

하지만 이상하게도 아니다. '미래'와 '연결'과 '변화'에 둘째가라면 서러운 게 우리인데, 유독 지구와 환경을 위해서는 입 딱 씻고 이 세 가지 특징을 전혀 발휘하지 않는다. 2015년 사상 최악의 중부 지방 가뭄으로 충남의 주요 용수원인 보령댐이 바닥을 드러내기 시작했고 인근 여덟 지역이 절수에 들어갔지만 지하수를 끌어 쓸 생각만 했지, 근본적인 원인인 기후변화에는 여전히 나 몰라라 한다. 정말 눈을 감고 그냥 이대로 갈 것인가, 경제를 핑계로 근본적인 무(無)대응을 합리화할 것인가. 야생학교는 심려한다.

11

멀리, 너무도 멀리 와버린 우리

갑자기, 겨울이다. 며칠 전만하더라도 아직 늦가을이라고 우길 거리가 약간이라도 있었지만, 이제는 모든 애매함이 사라진 명백한 겨울의 계절이다. 두꺼운 옷가지로 둘러 싸맨 사람들의 입에는 다음과 같은 말이 자주 들려온다. "왜 이렇게 추워?" 추위든 더위든 날씨에 대한 반응을 '왜'로 시작되는 의문문으로 시작하는 것은 우리 언어 문화의 독특한 면 중 하나이다. 영어로는 좀 강조를 한다고 해도 "It's so cold!" 정도이지, '왜'냐고 하늘에다 다그치지는 않는다. 모든 국민이 마치 기상학에 비상한 관심이라도 있는 듯 기상 현상의 원인을 따져 묻고 있는 것이다. 물론 실제로 답을 구하려고 묻는 이도, 진짜 질문의 의도를 가지고 내뱉는 이도 없다. 하지만 우리말의 이 버릇 속에는 생각보다 많은 의미가 숨어있을지도 모른다. 특히 지금이야말로 정색하고 '왜'를 더 강하게 외쳐야 할 때인지도.

왜 우리는 이토록 멀리 와버렸을까? 왜라는 이 민족의 의문사를 적용하고픈 궁극의 질문은 이것이다. 자연 자체로부터 하염없이 멀어졌음은 물론, 삶의 모든 구성 요소가 자연으로부터 급속히 이탈하고 있다.

네모난 아파트와 사무실을 오가며, 눈은 화면에 귀는 이어폰에 온종일 박힌 무수한 삶이 회색 도시를 배회한다. 엄청난 세기의 냉방이 바로 다음 날 엄청난 세기의 난방으로 전환되는 도시의 수많은 공간은 모공마저 다 밝힐 강도의 빛이 가득 메운다. 가지치기로 난도질당한 가로수 위로는 거대한 간판들이 영업시간 이후에도 휘황찬란하다. 포장된 바닥에 간이 헬스장을 둔 곳을 공원이라 부르고, 자연이 차지한 모든 곳을 노는 땅이라 칭한다. 애꿎은 비둘기를 향한 비명이 진동하는 거리에는 산 채로 가죽 벗겨 만들어진 모피들이 즐비하다. 손님이 떠난 식탁은 잔반으로 가득하고, 일회용 테이크아웃 잔의 더미가 카페를 떠나지도 않고 수북이 쌓인다. 비가 오는 날이면 빗줄기만큼 우산 비닐이 소비되고, 등산과 야영은 그저 장소를 옮긴 고기판 술판이다. 법의 보호를 받던 강산은 하루아침에 보호망이 해제되어 개발의 대상이 되고, 지역 주민이 자기 고장 갈아엎기에 가장 앞장선다. 자연을 갖고 놀고 소비하고 유린하는 TV 프로그램이 최고의 인기를 누리며, 모든 지역 축제는 그 축제라는 단어 앞에 붙은 대상을 게걸스럽게 먹어치우는 행사일 뿐이다. 내 몸만 생각하는 소비자는 진짜 친환경 제품에는 무관심하며, 나라의 대표 기업조차 지속가능한 경영에 투자하지 않는다. 이것들도 빙산의 일각이다. 목록은 가도 가도 끝이 없다. 멀리, 참으로 멀리 와버렸다.

나라가 자연을 등지는 이유는 사람들이 자연을 등지기 때문이다. 전원 풍경을 머금으며 자란 세대는 줄고 있고, 클릭과 터치로 사는 세대는 늘고 있다. 논두렁과 골목을 탐방하며 자라던 아이들은 화면과 게임에 오감을 바치며 성장하고 있다. 자연은 낯설고 불결하고 불편할 뿐인 자가 대다수인 세상을 향해, 우리 사회는 끈 떨어진 풍선처럼 점점 멀어지고 있다.

『자연에서 멀어진 아이들』의 저자 리처드 루브는 환경 파괴보다 훨씬 급속도로 진행되고 있는 아이-자연 연결 고리의 파괴를 경고한다. 그는 이를 일컬어 자연 결핍 장애라고 진단한다. 여기서 장애라는 단어에 주목하라. 그렇다. 자연과의 단절은 하나의 장애이다. 급속도로 퍼지고 있는 이 근본적 장애로 인해 언젠가는 우리가 단절되었다는 사실조차 아무도 모르는 때가 올지 모른다. 그때가 되면 환경운동가이자 저널리스트인 조지 몽비오의 말처럼 "자연과 연결의 끈을 잃은 아이들은 결국 자연을 위해 싸우지도 않을 것"이다.

여기까지 쓴 원고를 덮고서 밖으로 나갔다. 어둠이 깔리고 있었지만 좀 뛰고 싶었다. 번민을 좀 날려버리고 싶었던 것일까. 그런데 쓰레기 더미 쪽에서 작은 소리가 들려온다. 아기 고양이다. 가까이 가자 털을 파르르 세우고 침을 뱉는다. 당연한 경계 행동이다. 순간 차 하나가 고양이 앞을 아슬아슬하게 지나간다. 저러다 죽겠구나. 하지만 저렇게 사납게 구는 데 도와줄 수가 없다. 나는 무거운 마음으로 달리기 시작한다. 곧 닥쳐올 죽음의 암운이 이 싸늘한 길 위에 깔리는 듯했다. 탁탁 발소리, 허연 입김. 부스럭 소리에 흠칫 놀란다. 너구리 한 마리가 잠깐 나왔다가 덤불로 뛰어든다. 저 녀석은 과연 괜찮을까. 수세에 몰린 자연을 둘러싼 상념으로 나의 어스름녘 조깅 심리는 그리 편안하지가 않다.

길은 둘러 둘러서 다시 원점으로 돌아오고 있었다. 나는 무엇을 보게 될 것인가. 녀석이 무참히 깔려 식어가는 걸 보게 될 것인가. 휴우. 그때 기둥 너머로 누군가의 말소리가 들려온다. "야옹아 이리와! 거기 있으면 다쳐!" 고등학교 남학생 두 명이 어디선가 박스를 구해 고양이를 안전한 곳으로 날라주려 하고 있었다. 주저주저 하던 고양이는 끝내 상자에 몸을 실었고, 청년들은 두 팔에 그를 안고 출발했다. 나도 모르게 맺힌 눈물에 야경이 아른거렸다. 나는 그에게 머리 숙여 인사했다. 어린 고양이를 구해줘서. 그리고 나의 희망을 구해줘서. 야생학교는 감사한다.

12

지구회의와 인류의 새 각오

도시는 끝을 향하고 있다. 한 해 동안 펼쳐졌던 세상사의 드라마들은 각각의 줄거리를 모두 전개해버리고 대단원의 막을 내리고 있다. 부산함과 복잡함, 욕망과 긴장으로 줄곧 들떴던 이곳의 공기에 모처럼 차분한 기운이 깃들어있다. 왁자지껄 연말 모임들은 떠들썩하게 밤을 밝히지만 송년의 행위가 끝난 이들의 이완된 눈동자와 어깨에는 고단한 침묵이 내려앉는다. 지금은 마지막을 기리는 축제 기간이다. 새 일일랑 벌이지 말고 옛일을 봉합하는데 집중하는 시간이다. 끝을 응시하라. 여기까지 무사히 도달한 여정을 돌아보라. 생존에 안도하고 완주의 기쁨에 동참하라. 계절이 바뀌고 명절도 지나 정녕 새로운 시점이 도래할 때까지 숨 고르며 이 말미의 평온함을 음미하라. 한 해가, 다사다난의 또 하나의 덩어리가, 막 떠나고 있다.

바깥 세계는 조용하다. 열두 달이라는 단위체계와 무관한 자연은 이 임의적인 시작과 끝에 반응하지 않는다. 말도 많고 탈도 많았던 그간의 세월을 돌아보는 것도 없다. 그저 어제처럼 오늘을, 운이 좋다면 내일을 살아갈 뿐이다. 신경 써야 할 것은 추워지는 날씨와 그에 따른 대책이다. 동면을 위해 피하지방은 충분히 비축했는지. 겨울 깃으로 제대로 털갈이를 했는지. 아무래도 이제 먹이가 부족할 텐데 이 동네에서 과연 식량조달이 잘 될지. 그런데 가만 있자. 생각보다 날이 춥지가 않네? 그러고 보니 벌써 몇 년 째 이랬던 것 같긴 한데……. 뭔가 이상하다. 자연도 이상한 낌새를 눈치채고 있다. 지금은 예전과 다르다. 인간세상의 시시콜콜함과 호들갑으로부터 한때 고귀하게 동떨어져 있었지만, 어느덧 저 직립 영장류 집단에 의해 좌지우지되는 의존적인 존재가 되어버린 자연. 자존심 상하는 일이다. 하지만 지금은 그런 생각할 때가 아니다. 저쪽에서 벌어지는 일이 이쪽에 대단한 영향을 준단다. 그런데 얼마 전에 신기한 일이 벌어졌단다. 우리 모두의 운명을 바꿀 수도 있는 엄청난 일이란다.

생각해보면 동화 속 이야기 같은 일이다. 전 세계가 지구를 살리기 위해 모여 '지구 회의'를 열고, 어떻게 살릴지 힘을 합치기로 한 일이 벌어진 것이다. 경제협력이나 지역발전 등을 주제로 한 그런 재미없는 회담이 아니라, 말 그대로 지구를 함께 구하기로 결정한 엄청난 사건이란 말이다! 2015년 12월에 열린 파리 기후변화협약은 지구상에 존재하는 모든 나라, 즉 196개국이 전부 참여해서 도출해낸 인류의 결정이다. 그것도 담당 외교관 수준이 아닌, 대통령이나 국무총리 급의 나라 지도자들이 직접 나선 사상 최대 규모의 세계 모임인 것이다. 국제정세에 무관심한 자, 또 하나의 무슨 총회일 뿐이겠지 하는 이, 기후변화라면 이제 식상한 사람, 그런다고 뭐가 달라져 하시는 분. 모두 이번만큼은 달리 봐야 한다. 처음으로 모든 국가가 의무를 지닌다. 잘 사는 몇몇 선진국이 알아서 하고 우리는 하던 대로 살면 되는 것이 아니다. 지구상에서 가장 부유한 나라와 가난한 나라가 탄소배출을 줄이기 위해 각자의 역할을 하기로 한 초유의 합의이다. 게다가 그냥 말로만 그러는 게 아니다. 법적 구속력을 지닌 결정이다. 앞으로 매 5년마다 당사국들이 각자의 감축 약속을 지키고 있는지도 확인한다. 목표치도 과감해졌다. 당초에 배출기준으로 잡았던 산업화 이전시기 기준 섭씨 2도 상승에서 그 폭을 1.5도로 낮추었다. 좀 더 제대로 줄여보겠다는 뜻이다. 한마디로 이제는 진짜라는 의지가 반영된, 세계 역사상 최고의 외교적 쾌거가 일어난 것이다. 기후변화협정이 타결된 12월 12일은 이제부터 우리의 새로운 희망의 12.12 사태이다.

더 이상의 외면은 있을 수 없다. 우리 일이 아닌 척은 지금 당장 끝내야 한다. 아무리 우리의 청년실업과 국가경제 저성장이 걱정스러워도 그건 우리 사정이다. 그 정도 사정 없는 나라는 단 하나도 없다. 그리고 그 나라들의 절대다수는 우리보다 훨씬 빈곤하다. 우리보다 어렵게 사는 대부분의 세상을 향해 '먹고 살기' 힘들다는 변명을 늘어놓는 파렴치함일랑 집어치워야 한다. 뭐가 어찌 됐든 한국은 경제규모 세계 14위, 탄소배출량은 무려 7위에 달한다. 이렇게 작은 나라치고 올림픽과 월드컵에서 최고성적 4위를 기록한 것을 그리도 자랑스럽게 여기면서, 그 작은 덩치가 배출하고 있는 압도적인 양의 탄소에 함구해서는 안 된다. 이 태도는 이제 바뀌지 않으면 안 된다. 지금 우리가 맞이하고 있는 이 상황은, 말하자면 1997년의 금모으기 운동에서 발휘되었던 전 국민적 노력의 최소한 수십배가 요구되는 시급한 수준이다. 그러나 우리의 가정과 국토, 공장과 사무실, 정책과 제도에는 이러한 노력이 금모으기의 채 100분의 1도 나타나지 않는다.

한 해의 끝자락이 지평선에 걸려있다. 처음으로 전 세계가 같은 문제에 직면해 있다. 이것은 전부 승자이거나 전부 패자가 되는 최초의 싸움이다. 서로 싸워서 차지할 땅이나 자원도 아니요 지켜야할 국가나 이데올로기도 아니다. 이것은 인류의 삶과 역사 자체가 역설적으로 인류의 삶을 위협하는 초유의 사태이다. 그리고 모든 개인과 모든 집단에게 예외 없이 역할이 주어지는 역사적 사명의 시간이다. 과거의 습관과 관성은 올해의 남은 하루까지만 그 잔재를 허락하자. 다음 날은, 새로운 한 해라는 인위적 단위의 시작은, 진정으로 새 세상을 만들 때에만 그 의미가 있을 것이다. 실천과 기여의 새해각오를, 야생학교는 품는다.

13

무슨 짓을 한 건지 알기나 해?

모르고 그랬는데요.

학창시절에 가장 많이 듣던 말이다. 뭔가를 잘못하다가 걸려서 선생님께 불려 나갈 때면 압도적으로 많이 사용되던 변명이다. 사실 그런 상황에서 할 수 있는 말의 옵션이 많지는 않다. 대충 둘러대는 것도 방법이긴 하지만 그래도 여전히 핵심 내용은 몰라서였다는 것이 된다. 만약 얼마나 잘못된 일인지 조금이라도 알면서 했다는 뉘앙스를 풍겼다간 큰일이다. 그것만큼 뻔뻔스럽고 반항적이고 틀려먹은 자세가 또 있을까! 가장 강력한 처벌을 받는 지름길일 뿐이다. 반드시 무지한 상태에서 저지른 것이어야만 좀 혼나더라도 넘어갈 수가 있다. 몰랐다고? 그래, 그럼 다음부터 잘해. 가봐.

하지만 정말 그럴까? 잘못을 자랑이라도 하듯 너무 당당한 자세는 바람직하지 않지만, 실은 그래도 모르는 것보다 아는 게 낫다. 설사 안 좋은 일이더라도 내가 무엇을 하고 있는지를 정확히 안다는 것은 오히려 개선의 씨앗이 된다. 적어도 판단력은 똑바로 박혀 있으니 다음에 더 나은 결정을 할 수 있는 가능성이 있기 때문이다. 무지함을 용서할 수는 있지만 너무 용인해서는 안 된다. 자칫하다간 일을 엉망으로 해놓고서도 무엇을 저질렀는지 보려고 하지도 않는 사회를 만드는 데 기여할 뿐이다.

특히 그것이 나라 전체를 움직이는 국가 수준에서 벌어지는 일이라면 더욱 그렇다. 가령 수 년 전부터 시작되었던 도로명 주소 사업은 우리의 주소 체계를 뒤바꾸어 놨다. 가장 두드러진 변화는 '동(洞)'이 없어지고 대신 도로명이 생겨난 점이다. 그러나 문제는 동과 도로는 전혀 위상이 달라, 동이 제거된 신(新)주소에는 정작 필요로 하는 지리정보가 사라져버렸다는 것이다. 도로명은 극히 자세한 수준에서 길을 찾는 데에는 도움을 준다.

그러나 사람들이 주로 의사소통하는 지리적 단위는 도로보다 더 넓은 공간적 범위를 가리킨다. 어디 사느냐고 물었을 때 '구(區)'라고 답하기는 너무 넓고, 도로명을 말하기에는 너무 자세하다. 그 중간의 단위인 동이 가장 널리 사용되는 지리적 '해상도'에 해당되는 지리적 단위인 것이다. 그렇기 때문에 주소체계가 바뀐 후에도 동은 꾸준히 사용되고 있다. 단순히 옛 주소를 고집해서가 아니다. 게다가 동(洞)은 한자에서 볼 수 있듯이 하나의 수원(水源)을 공유하는 사람들의 모임을 나타내는 생태학적 유역 개념이 반영된 말이다.

동네 이름의 사회문화적 탄생과정을 무시하고 몇몇의 실무자들이 자의적으로 지은 새 도로명보다 훨씬 의미가 있다 하겠다. 결과적으로 한국의 주소는 가장 자주 쓰이는 단위만 달랑 빠진 채 주소의 사회문화적 체제와 합치되지 못한 상태로 둘 다 어정쩡하게 공존하고 있다. 이러고도 정부는 이를 어엿한 사업이라 부르며 뭔가를 했다고 여기고 있다. 대체 무슨 짓을 한 건지 알지조차 못한다.

지난해 말 파리 기후변화총회에서 우리 정부는 배출전망치 대비 온실가스 감축을 37퍼센트 선으로 정한 공약을 제출하였다. 이는 제출 전 30퍼센트 이하로 이야기되었던 것보다는 높은 편이었지만 네 개의 연구기관이 모여 만든 국제 기후분석 사이트인 Climate Action Tracker(CAT)는 이에 대해 '부적절(inadequate)' 판정을 내렸다. 만약 다른 국가들도 한국 감축안에 해당하는 수준으로 행동한다면 지구 기온을 2100년에 3~4도 상승시키는 셈이 된다는 것이다. 이 정도 온도상승이면 이미 지구는 손쓸 수 없는 상황이 된다고 과학자들은 입을 모아 이야기했다. 이미 CAT는 최종안 이전에 제시된 안 네 가지 모두에 대해서도 같은 등급을 내린 바 있다. 게다가 이 부적절한 최종 감축안마저 법적 강제력에 의한 실질적인 국내 배출량 감축보다 국제탄소시장의 거래를 통한 감축에 큰 부분을 할애하고 있어 결과적으로 국내 탄소 배출량을 2030년까지 두 배(1990년 대비) 증가시키는 것이 된다고 한다.

한 마디로 한국이 내놓은 감축안은 국제사회의 목표치인 섭씨 2도 이내 온도상승에 동참하지 않겠다는 것에 다름 아니다. 기후변화정부간협의체(IPCC)의 새 수장으로 선출된 이회성 의장은 한 언론과의 인터뷰에서 "한국이 고립된 나라도 아닌데 책임 있는 사람조차도 기후변화체제에 대해서 알려고 하지 않는다"고 했다.

세계에서 현재 일곱 번째로 많은 탄소배출량으로 기후변화에 크게 기여하고 있는 나라가 자신들이 무엇을 하고 있는지, 무엇을 해야 하는지 알려고 하지 않는다. 북극의 기온 상승에 따라 극지방의 찬 소용돌이 기류인 '폴라 보텍스(Polar vortex)'가 느려지면서 최강 한파를 맞아 고생하고 있는 이 순간에도 우리는 사태의 심각성을 깨닫지 못하고 있다. 나중에 돌이킬 수 없는 상황에 놓였을 때에도 "몰라서 그랬다"는 식의 무책임한 변명을 둘러댈 것인가.

인터넷과 스마트폰과 데이터의 왕국을 자처하는 이 나라가? 고개를 절레절레, 야생학교는 흔든다.

14

증강현실? 소외현실!

모임이 있는 날이면 난 언제나 즐거우면서도 기분이 찜찜했다. 거의 대부분의 경우 그 모임은 원래의 취지가 소외된 채 진행되다 끝난다는 것을 알았기 때문이다. 환영회라 모여도 아무도 환영하지 않고, 환송회라 모여도 아무도 환송하지 않는 자리를 보는 것이 싫었다. 물론 건배 할 때 한두 마디로 왜 모였는지에 대해 언급은 하지만, 누구는 고기 굽고, 누구는 술 마시고, 누구는 옆 사람하고만 떠드는 회식 자리에서 정작 모임의 근본적 목적은 쉬이 잊히는 것이었다. 잘 놀았으면 됐지 뭐, 혹자는 말한다. 너는 됐는지 모르지만, 나는 아니다. 이왕이면 나는 무엇을 왜 하는지에 충실하고 싶다.

소외 현상은 오늘날의 사회에서 너무나 일반적이라 제대로 인식조차 되지 않고 있다. 가령 애인이나 친구끼리 카페에서 만나 각자의 스마트폰만 쳐다보고 있는 모습은 이제 흔한 광경이다. 이것이 만남인가? 물리적으로만 근접거리에 있되 각자 전혀 다른 행위에 몰두하고 있는 것도 만남으로 칠 정도로 단어의 정의를 후퇴시킨다면 더 이상 그 언어는 유용하지 않다. 사람들은 누구와 있어도, 어디를 가도, 자기 손에 쥔 검은 네모에서 눈을 떼지 못한다. 경치의 변화, 지나치는 사람들, 건축물의 구조, 가로수의 미학 등은 이제 아예 피사체가 아니다. 그것이 검은 네모를 통해 조망되기 전까지는 말이다. 우리는 대체 어떤 공간의 인테리어 자체가 왜 필요한가 하는 질문을 제기할 수준에 이르렀다. 누구나 고개를 처박고 귀를 틀어막고 있는데 벽의 마감이나 조명, 음악, 실내장식 따위가 왜 중요한지. 환경디자인이나 공공디자인과 같은 분야의 존재가 무색할 지경이다.

사물의 껍데기에 눈길을 안 주는 것은 그래도 그나마 덜 심각하다. 더 본질적인 문제는 바로 본질의 소외이다. 내가 현재 있는 공간이나 사회적 상황이 경험의 중심으로부터 주변부로 밀려나고 그 자리에는 전혀 무관한 콘텐츠가 채워지는 것이다. A를 만나면서 동시에 B와 문자하고, C와 카톡하고, D에 대응하는 것은 A를 만나는 것이 아니다. 적어도 A를 경험하는 것은 아니다. 공원의 푸른 나무 그늘 아래 벤치에 앉아 지나간 예능을 다시보기 하는 것은 공원에 있는 것이 아니다. 적어도 공원과 나무를 경험하는 것은 아니다. 좋은 말로 ‘멀티’라 부르는 것은 다른 말로 하면 경험의 질적 퇴화 또는 경험의 피상화(皮相化)일 뿐이다. 결국 남는 것은 나와 검은 네모의 폐쇄회로뿐, 모든 것은 그저 통과해야 할 하나의 매트릭스, 스마트 세상이 작동하기에 필요한 기질(substrate)로 전락한다. 고개를 들어 하늘을 보라고 해도 상대방은 이 말조차 듣지 못한다. 하늘과 햇빛은 그저 화면을 흐려 보이게 하는 거추장스러움일 뿐이다.

이 상황에서 쿵 하고 나타난 것이 〈포켓몬 고〉이다. 속초에 관해 털끝만큼도 관심이 없었고 지금도 없는 이들이 떼를 지어 속초로 향하고 있다. 엑스포공원에 ‘있다’는 괴물은 엄연히 화면에만 ‘있을’ 뿐인데도 그곳에 가야만 활성화되는 알고리즘 하나 때문에 정말로 ‘있다’라는 철학적인 실존을 부여받는다. 물론 어느 회사의 프로그래머들이 임의대로 정한 알고리즘이다. 그러나 게이머들에게 공간과 몬스터의 출연 간의 관계는 거의 자연의 신비에 해당되는 진리영역이다. 세상은, 이제 폰이 정하는 바에 따라 유의미 또는 무의미해진다.

〈포켓몬 고〉가 그토록 자랑스러워하는 ‘증강현실‘의 승리는 인류 역사상 가장 심각한 본질과 의미의 후퇴이다. 신록이 푸른 공원에서도 스마트폰으로 예능만 보던 사람은, 적어도 자기가 공원을 보고 있다고 생각하지는 않는다. 그는 세상을 차단하고 있지만 적어도 그 차단으로 인한 그와 세상 간의 관계는 정직하다. 바로 이 점에서 〈포켓몬 고〉의 사용자는 전혀 다르다. 비록 속초 땅을 밟고 있어도 그가 온 목적, 그가 보고자 하는 것, 그가 골목마다 '마주하고' 싶은 것의 일체는 속초와 무관하다. 그는 속초의 삼차원적 매질만을, 오직 그것만을 취하러 온 것이다. 한 공간에서 오랫동안 형성된 문화, 역사, 자연이 철저히 배제된 동기로 그 공간을 방문하는 초유의 사태인 것이다. 이보다 공간을, 아니 세상 전체를 극단적으로 대상화한 시도는 없다. 이는 성의 상품화 같은 기존 문제보다 더 진전된 심각한 대상화이다. 마치 자신의 애인을 애무할 때 상대방 육체의 물성만을 취하면서 다른 누군가의 얼굴을 상상으로 투사하는 것과 같은 이치이다. 갑작스런 사람들의 방문에 의해 매출이 오른 속초 상인들이나, 게임 때문에 들렀다가 속초도 구경하는 이도 있다는 말로 속초는 물론 공간과 경험의 본질을 모독하지 말라. 증강현실이 검은 네모의 '현실성'을 높이고, 그것을 투사시킨 현실을 '증강'시켰다고 말하지만, '증강'된 만큼 그 현실의 실체와 본질은 철저하게 소외되고 있다는 사실을 똑똑히 목도해야 한다. 오히려 증강현실로 인해 발생하는 것은 '소외현실'이다. 게이머들은 '포켓몬이 있다'라는 표시를 하염없이 찾아 서성인다. 만약 '있다'가 이런 것이라면, 야생학교는 차라리 '없고' 싶다.

4

뭇생명을 존중하려면

01

일관되게 반反환경적인 사람보다는, 비非일관되게 친환경적인 사람

진한 커피 한 잔, 또는 시원한 아이스티가 절실한 순간. 마침 카페 하나가 눈에 띈다. 하지만 난 문을 여는 대신 꾹 참으며 발길을 돌린다. 에이, 차라리 안 마시고 말지. 이미 수차례의 경험 끝에 내가 원하는 방식으로 음료를 받기 어렵다는 것을 알기 때문이다. 간혹 나의 요구가 의외로 수월하게 관철되는 경우가 있기는 하다. 하지만 거의 모든 카페에서 일회용품을 최소화한 주문을 성공시키기 위해서는 투쟁에 가까운 노력을 기울여야 한다.

업소 안에서 마실 거니 머그잔에다 담아달라고 하지만, 아예 비치가 안 되어 있는 경우가 다반사, 있다 하더라도 음료에 따라 잔의 용적이 다르다며 거절당하기도 한다. 양의 손해를 봐도 좋으니 그리

해달라고 고집을 피우면 바리스타의 진한 불쾌감을 피할 수 없다.

머그잔의 요구가 수용되었다 하더라도 마음을 놓아서는 안 된다. 주문을 받은 이와 커피를 만드는 이 사이에서 이 메시지가 누락될 수 있기 때문이다. 나는 카운터 뒤 세 명에게 줄줄이 애원하고도 플라스틱 컵을 받은 적이 있다. 가장 어려운 건 뚜껑, 빨대, 그리고 컵 홀더로부터 온전히 자유로운 음료를 받아내는 일이다. 극미한 기능만 수행하다가 바로 버려지는 이 자원의 의무적인 낭비를 피하는 것이 나에게는 무엇을 마시느냐 보다 훨씬 중요하다. 하지만 잘 안 된다. 그래서 난 아예 마시지 않는 편을 택한다. 목이 마른데도 말이다.

사람들은 나더러 유난스럽다고 한다. 평소에 일회용품을 전혀 안 쓰는 것도 아니면서 뭘 그리 까다롭게 구냐고 반문한다. 사실 맞는 말이다. 거의 하루도 빠지지 않고 종이, 플라스틱, 유리나 금속 중 적어도 한두 가지 재료는 사용하고 버리는 생활을 한다는 사실에 비추어 보았을 때, 일회용 커피잔에 대한 집착은 비논리적이다. 말하자면 일관성이 없다는 것이다. 제대로 하려면 삶의 모든 영역에서 절약과 환경보호를 실천해야 하는 것이 아닌가.

플라스틱 낭비를 운운할 것 같으면 편의점 생수도 절대 사 마시지 말아야 하고, 육식이 어떻다고 할라치면 가죽 혁대와 신발은 그 자리에서 벗어버려야 한다. 언행일치와 일관성이라는 말 앞에 모두 고개를 숙일지어다. 암 그렇고말고.

지당한 말씀처럼 보이지만 꼭 그렇지는 않다. 일관성이 부족해도 좋은 딱 한 가지 예외가 있다. 바로 환경을 보호하고 자연을 위하는 일이라면 그렇다. 대쪽 같은 일관성이 없다 하더라도 용인될 수 있고, 다소 모순되는 면이 있더라도 좋다. 한 가지라도 아끼고, 보호하고, 경감시키려는 노력이 아무것도 하지 않는 쪽보다는 언제나 낫기 때문이다.

보다 친환경적으로 살고자 하는 자세는 하나의 생활철학이자 신념의 문제이지만, 동시에 이 지구에 얼마나 큰 영향력을 끼치느냐에 대한 정도의 문제이기도 하다. 그 정도를 줄이는 것, 그 자체에 의미가 있는 것이다. 환경의 관점에서 보면 오십 보와 백 보는 분명히 다르다. 소를 훔치건 바늘을 훔치건 둘 다 도둑이지만, 그 절도에는 규모와 여파의 측면에서 엄연한 차이가 존재한다. 이런 차이가 하나 둘 모여 더 큰 차이를 만들어내고, 바로 그렇기 때문에 개인 각자의 역할이 강조되는 것이다. 평소에 종이를 많이 쓰더라도 식당에서 냅킨의 사용만큼은 자제한다고 하면 그거라도 하는 것이 옳다. 물론 환경을 핑계로 생활의 모순 자체를 정당화하는 것은 전혀 다른 이야기이다. 요는 환경에 관해서는 뭐라도 하는 것이 더 의미 있다는 것이다. 일관되게 반환경적인 사람보다는, 비(非)일관되게 친환경적인 사람이 낫다.

세계적으로 야생동물 보존 활동에 종사하는 사람들 사이에서 극동아시아 지역은 악명이 높다. 다른 곳에서는 좀처럼 나타나지 않는 수준의 유난스러움이 잘못된 방향으로 발현되기 때문이다. 아프리카, 남아메리카, 동남아시아의 온갖 희귀동물이 이른바 아시아 전통의학의 재료로 쓰이기 위해 마구잡이로 사냥된다. 살아있는 곰에서 추출한 쓸개즙, 호랑이 뼈를 갈아서 만든 고약, 정력제와 해열제로 쓰이는 코뿔소 뿔, 그리고 고래 사냥. 목록은 끝없이 이어진다. 중국과 일본 사이에 낀 우리로서는 싸잡아서 비난받는다고 느낄 수도 있지만, 한국도 억울할 만큼 깨끗한 나라는 아니다. 우리에게 어떤 유난을 떠는 능력이 있다면, 짐승을 하나라도 더 잡아먹는데 쓰지 말고 하나라도 더 보호하는 데 쓰는 것이 마땅하다. 환경에 해가 되는 쪽이 아니라 득이 되는 긍정적인 유난스러움을, 야생학교는 희망한다.

02

우리들의 부끄러운 '스타일'

여름의 끝자락을 적시는 가을비가 계절의 변화가 임박했음을 알린다. 가을이 서늘한 공기와 우수의 기운을 대동하고 머무는 것도 잠시, 좀 즐길라치면 금세 추워져 한겨울 속에 폭 빠져 있을 것이다.

주섬주섬 옷장에 넣어두었던 스웨터와 외투를 꺼내본다. 묵혀둔 나프탈렌 냄새가 가시고 나면 두툼한 섬유의 보드라운 촉감에서 추운 날씨의 정취가 느껴진다. 시원하고 강렬한 색으로 꾸몄던 여름 맵시도 좋았지만, 따뜻하고 그윽한 분위기의 가을·겨울 패션으로 다시 돌아가는 것도 반가운 일이다. 과일처럼, 제철의 미가 있는 법이다.

문제는 바람이다. 기후변화의 탓인지, 언제부터인가 바람이 부쩍 세져서 외출 준비를 할 때 반드시 감안해야 하는 요소가 되어버렸다. 아무리 머리를 잘 만지고 나와도 바람의 거친 손길에 헝클어져 엉망이 되어버린다. 왁스 한 통을 다 발라 머리카락을 거의 고형으로 만들어버리지 않는 이상 헤어스타일을 바람으로부터 온전하게 지키는 일은 불가능에 가깝다. 머리에서부터 발끝까지 미적 완성도를 추구하는 도시의 패셔니스타에게 자연의 이런 몰지각한 비협조는 여간 거슬리는 것이 아니다. 젠장, 왜 이렇게 바람이 부는 거야?

그런데 갑자기 새 한 마리가 홀연히 나타난다. 한 점 흩트림도 없이 가지런한 깃털에는 윤기가 흐르고, 선명한 색상은 어디 하나도 하자가 없다. 실내생활이라고는 한순간도 하지 않는 이놈의 짐승이 대체 무슨 수로 저렇게 완벽한 외모를 유지하는 걸까? 거친 날씨에 노출된 채 평생을 살면서도 마치 고급 신사복 같은 차림새를 늘 구사하는 이들의 모습은 신기하기만 하다.

실제로 병들거나 다친 경우가 아니라면, 상태가 엉망인 동물을 보는 일은 거의 없다. 바깥에서 아무 데나 자는 녀석들인데 아침에는 머리라도 좀 부스스하게 헝클어져 있어야 할 것 아닌가? 하지만 그런 일은 없다. 머리가 아무렇게나 '떡 진' 참새를 본 적이 있는가?

그것이 새든, 다람쥐든, 꿀벌이든, 모두 더할 나위 없는 단정한 차림으로 우리 앞에 모습을 드러낸다.

야생동물의 아름다움은 재료가 별로 들지 않는다. 그냥 생긴 대로 살면 득하게 되는 멋이지 추가적인 자원이 대거 동원되어야 할 필요가 없다는 뜻이다. 홍학의 화려한 분홍빛은 그들이 먹는 새우 등의 갑각류에서 저절로 얻는 색소이다. 인간에게는 마치 부의 상징처럼 느껴지는 표범의 멋진 털은 정글 나뭇잎의 그림자 속에 몸을 숨기도록 진화해온 그들의 유전적 자산이다. 물론 동물들도 자신을 꾸미려는 노력을 전혀 하지 않는 것은 아니다. 고양이과 또는 개과 동물은 열심히 털을 털고, 핥는 게 일이다. 영장류들은 틈만 나면 서로 털 고르기를 하고, 새들은 등 뒤쪽에 난 기름샘을 부리로 찍어 깃털에 발라 깨끗하게 관리한다. 하지만 전부 스스로의 힘을 조금 들여서 하는 '그루밍(grooming)'이지 온갖 외부 인프라와 물질의 투입에 의존하지는 않는다. 그 어느 형형색색의 동물이라도 최소한의 자원으로 돌아가는 미(美)를 뽐낸다.

그 다음부터 나올 이야기는 자명하다. 평생 거친 야외에 살아도 멋지기만 한 동물들 보기에 무색하게, 우리 인간은 아름다움과 위생이라는 미명 아래 엄청난 자원을 소비하고도 솔직히 별로 예쁘지 않다. '자연주의'를 표방하는 온갖 화학 화장품으로 얼굴을 겹겹이 에워싸고, 거인의 머리카락을 다 감고도 남을 만한 양의 샴푸를 매일 하수구로 흘려보낸다. 잔인하기 짝이 없는 모피를 버젓이 걸치고 멋이라며 활보하고, 아프리카의 가뭄에 대한 처절한 뉴스가 빗발쳐도 여전히 물을 물 쓰듯이 한다.

모 대학의 학보사에서 수 년 전에 실시한 조사에 따르면 한 달 동안 학생 1인당 사용한 휴지의 양이 약 151미터에 달했다고 한다. 보통의 화장지 롤이 약 35미터인 것을 감안하면 어림잡아 매월 4~5통이 소비되는 셈이다. 학교에서 쓴 것만 이 정도지 여기에 집에서 사용한 휴지, 카페나 식당에서 마구 뽑아 쓴 냅킨, 부엌에서 뜯겨져 나가는 키친타월 등등을 헤아리면 정신이 아찔해진다. 자연의 폐허를 밟고 출퇴근, 등하교 하는 이들이 그리도 가꾼 나름의 '스타일'은, 덤불 속에서 지저귀는 새의 소박한 단아함에 비추어 한없이 부끄럽기만 하다. 우리에게 진정으로 필요한 스타일은 엉뚱한 강남의 것이 아니라 자연의 스타일이라고, 야생학교는 단언한다.

03

왜 굳이 행하려 하는가?

인생은 선택이다. 지금 이 순간 앉아서 이 글을 쓰는 대신, 마음먹기에 따라 나는 책상 위로 올라가 플라멩코 춤을 출 수도 있고, 느닷없이 춘천 가는 열차에 몸을 실을 수도 있다. 순간마다 무한대로 열려 있는 삶의 옵션들 중에서 어떤 한 가지를 선택할 때는 그만한 이유가 있기 마련이다. 보다시피, 내가 춤과 여행을 잠시 접어두고 글쓰기를 하기로 결정한 데에는 야생학교에 다니는 학생으로서 오늘의 과제를 완수하려는 나와의 약속이라는 수긍할 만한 이유가 있다.

그런데 멀쩡한 옵션들 다 제치고, 상식적으로 이해되지 않는 선택을 할 경우에는 대체 왜 그런 결정을 하게 되었는지 우리는 질문하게 된다. 이때 우리가 사용하는 핵심어는 '굳이'다. 질문은 다음과 같은 형태를 띤다. "왜 '굳이' x를 해야만 하는가?" 빈 공간 다 놔두고 통로를 막고 잡담을 하는 사람들을 보고 우리는 왜 '굳이' 그곳에 서서 통행을 방해해야 하는 것인지 의아해하며 눈살을 찌푸린다. 물론 관찰자가 모르는 이유가 어딘가에 숨어 있을 수도 있다. 혼자만의 사적인 영역에서라면 그 이유를 설명할 필요가 없다. 그러나 많은 사람들, 특히 많은 생명과 관계된 것이라면 '굳이' x를 하려는 쪽에서 설명과 설득의 부담을 지는 것이 당연하며, 그들에게 조금이라도 피해를 끼칠 수 있는 것이라면 '굳이' 하지 않아야 하는 것도 당연하다.

세계 최초로 '보이지 않는 빌딩'이 세워진다는 소식이 국내외 언론을 통해 보도됐다. '타워 인피니티'라는 이름의 이 건물은, LED 프로젝터와 카메라를 설치해 주변의 풍경 영상을 건물 표면에 실시간 투사함으로써 마치 건물이 없는 것처럼 보이게 할 것이라고 한다. 건물은 다른 모든 곳을 '굳이' 제치고 인천공항 주변을 임지로 선정해 인천시로부터 건축허가를 받은 상태이다. 이른바 '투명 빌딩'에 비행기나 새가 충돌하지 않겠냐는 너무나도 자연스럽고 일차적인 질문에, 담당 건축회사인 GDS 아키텍트의 찰스 위는《포브스》지와의 인터뷰에서 "비행기나 새는 건물을 투명하게 보진 않을 것"이라고 답했다. 한마디로 진짜 투명은 아니라는 이야기다. 정해진 몇 군데의 특정 지점에서만 투명하게 보이도록 설계된 데다가, 기존 비행기 항로상에 위치하고 있지 않아 안전상에 문제가 없다는 것이다.

이건 뭘 몰라도 너무 모르시는 말씀이다. 특히 새에 대한 발언이 그렇다. 멀쩡히 보이는 건물에조차 새가 충돌해서 죽는 경우가 많으며, 이는 이미 심각한 생태적 문제이다. 미국에서만 한 해에 10억 마리의 새가 유리나 건축 구조물에 충돌하여 사망한다. 건물 충돌은 서식지 파괴 다음으로 인간의 영향으로 인한 조류사망의 가장 큰 원인이다. 새들은 투명 또는 반사 유리, 플라스틱 표면을 장애물로 인지하지 못하며, 심지어는 앉은 자리에서 1미터 떨어진 유리로 돌진하기도 한다. 또한 새는 날 때 앞보다는 아래를 보는 경향이 있으며, 인간처럼 양안이 앞으로 배열되지 않고 삼차원 공간에서 움직임을 인지하도록 머리 양옆에 있어서, 이동 방향에 집중된 고해상도 시각능력을 갖고 있지 않다. 새들이 바보라서 부딪치는 것이 아니다. 인간이 지어놓은 괴물 같은 건물을 감당하지 못할 뿐이다. 그런데 이것도 모자라 투명한 고층빌딩이라니?

진짜 투명하건 특정 각도에서만 투명하건 간에, 시각정보의 감소는 부분적으로 이뤄지더라도 이동하는 새에게 부정적인 영향을 끼칠 수밖에 없다. 특히나 인천지역은 중요한 철새도래지인 서해안 갯

벌과 인접한 곳인 만큼 위험은 불 보듯이 아니라 불에 타듯 뜨겁고 뻔하다. 최첨단의 기술과 엄청난 자본을 들여, 공항 근처에 안 보이는 건물을 짓지만 안전하다고 하는 프로젝트. 이 사업이 안은 겹겹의 모순을 가장 잘 드러내주는 대목은 건축의 배경 '철학'이다. 한국계 미국인인 찰스 위는 경쟁률 높은 공모전을 통과하기 위해 고층건물에 흔히 요구되는 랜드 마크 개념을 뒤집었다고 한다. 더 '보이려고' 하는 기존의 건물과 정반대로 오히려 '안 보이게' 함으로써 랜드마크의 개념을 재정의 했다면서, 노자의 도덕경을 그 철학적 배경으로 삼았다는 것이다. 이보다 노자의 사상을 잘못 해석한 사례는 역사상 없을 것이다. 진정으로 아무것도 하지 않는 무위(無爲)와 자연관조를 강조한 도가사상은 이 흉측한 반생태적 구조물을 조금도 정당화해주지 않는다. 노자가 이 소식을 들었다면 분명히 이렇게 물었을 것이다. 왜 '굳이' 행(爲)하려 하는가? 야생학교도 묻는다.

04

겨울엔 문을 닫자

최근 몇 주 동안 한국에서 가장 많이 내뱉어진 단어를 집계해본다면 아마 '추워'가 단연 1위가 아닐까. 이사 갈 때 유리잔이 깨지지 않도록 감싸듯이, 칭칭 둘러매어 완전무장한 이들의 깊숙이 숨겨진 얼굴은 찾아보기가 힘들 정도이다. 모자와 장갑, 내복과 문풍지로 달성하고자 하는 단열과 보온은 겨울철의 기본 대응책이다. 외부 기후와 관계없이 체온을 한결같이 유지해야 하는 정온동물의 운명은 어쩌면 이리도 가혹한가. 안에서 아무리 덥게 해놔도 밖에 나가자마자 추위를 타는 이 신체가 야속하기만 하다.

가만, 동물이라고 했겠다. 나만 따뜻하면 그만인 수준에서 조금이라도 벗어난 사람이라면 한 번쯤은 고개를 들어 창문 너머의 세상을 헤아려본다. 잔뜩 껴입고 난방기 바로 옆에 앉은 나도 오들오들 떠는데, 대체 밖의 녀석들은 어떻게 이 모진 겨울을 나는 것일까. 산책하러 나온 강아지들도 스웨터 하나씩 걸치고 있는 마당에, 야생동물이라고 해서 추위불감증인 것도 아닐 텐데 말이다. 땅속에 굴을 파거나 나무에 구멍을 내고 들어가 있겠지, 하면서 염려한다. 그러다 어느 날 밤사이에 눈이 내린다. 아침 해에 빛나는 새하얀 세상은 완전무결하게 아름답다. 소복이 쌓인 모습이 꼭 솜털이불 같아 괜히 더 따뜻해 보이지만, 실제로 만지면 얼마나 차가운지 우리는 익히 알고 있다.

그런데 눈은 그저 비유적으로만 이불 같은 것이 아니다. 활용할 줄 아는 생물에게 눈은 겨울을 따뜻하게 지낼 수 있게 해주는 유용한 환경을 제공한다. 눈은 열전도율이 낮은 물질로서 흙 위에 쌓이면 눈 바로 아래의 지열을 유지시켜주는 훌륭한 단열재 역할을 한다. 이러면 바깥보다 소폭 따뜻한 눈 아래층에는 수증기가 생성되고, 이는 승화작용에 의해 위쪽으로 확산된다. 눈 표면에서 찬 공기와 만난 수증기는 압축되고 응결되어 단단해지고, 이렇게 됨으로써 단열효과는 배가된다. 이러한 수분의 수직이동은 점차 아래쪽에 공간을 만들게 되는데, 바로 여기가 여러 동물의 겨울철 보금자리가 되는 곳이다. 온갖 들쥐, 뒤쥐 등의 설치류와 곤충, 거미 등의 무척추

동물이 이곳에 머물며 식물의 뿌리껍질 등을 갉아먹으면서 겨울을 나고, 포식자들은 이들의 움직임에 귀를 기울이며 위에서 덮치거나 직접 들어가 사냥해서 추운 계절을 연명한다. 땅에서 생활하는 뇌조 등은 물론, 참새와 같은 새도 직접 눈 속을 파고 들어가 밤을 지내기도 한다. 북극곰도 눈으로 된 굴속에 5~6개월씩 틀어박혀 새끼를 키운다. 기온이 영하 50도에 이르는 극한적 추위에도 이 눈 속의 은신처는 0도 정도로 유지된다. 우리 기준에서야 여전히 추울지 몰라도, 야생동물들에게는 버틸 만한 거처이다.

우리의 기준으로 말할 것 같으면 달라도 너무 다르다. 인간 신체의 모공 개수는 침팬지나 고릴라와 거의 같지만 대부분 피부 밑에 남기 때문에 보온에는 소용이 없다. '벌거벗은 유인원'으로 진화한 인간은 어쩔 수 없이 옷가지와 외부 열원에 의지해야 한다. 그런데 털을 사용하건 눈을 활용하건, 추위에 대응하는 원리는 같다. 찬 공기가 들어오지 못하게 막아 단열을 하고, 내부에서 형성된 열은 빠져나가지 않도록 보온을 한다. 놀라운 것은, 이 가장 기초적이고 상식적인 겨울 생존의 법칙이 대한민국에서 내팽개쳐지고 있다는 사실이다.

전력난으로 인해 난방을 한 채 문을 열어놓는 가게들의 단속이 얼마 전부터 시작되었다. 시정 대상인 가게들마다 반응은 한 가지이다. "문을 닫으면 손님이 안 와요." 이토록 어이없는 발언이 또 있을까. 첫째, 잠기지도 않은 문을 못 여는 사람은 없다. 그러면 문을 닫아놔야 하는 카페와 식당은 텅 비어있어야 할 것 아닌가. 둘째, 소비의사가 있는 사람 중에 문 열기 싫어서 구매를 포기하는 사람은 없다. 물건이 시원찮은 것이지 문이 가로막는 것이 아니다. 셋째, 손님이 안 온다는 것은 사실이 아니다. 올 사람은 오지만 그냥 흘러들어오는 사람까지 빠짐없이 건지고 싶은 욕심일 뿐이다. 넷째, 동문서답이다. 에너지를 아끼기 위한 정책의 일환으로서 실시하는 것이지, 가게의 영업실적을 묻는 것이 아니다.

다섯째, 함께 사는 공동체 일원으로서의 의무를 조금도 고려하지 않는 자세이다. 다 같이 협조해서 보릿고개를 넘겨보려는 가족회의 자리에서 대뜸 "나는 배불리 먹을래"라고 이야기하는 뻔뻔스러움과 조금도 다르지 않다.

겨울은 추우니 문을 닫자. 초등학교에서도 가르칠 필요가 없는 이런 기초적인 명제마저 재확립되어야 하는 세상인가, 야생학교는 한탄한다.

05

숲 옮기기의 위험성

여행은 즐겁지만 또한 피곤하다. 나의 편안한 보금자리로부터 벗어나 어떤 낯섦과 마주하는 일은 의외로 힘이 드는 경험이다. 구경하려고 많이 걷다 보면 물론 더욱 그렇지만, 몸이 최대한 편안하도록 앉아서 돌아다녀도 하루가 끝날 때쯤이면 녹초가 돼버린다. 매 끼니를 잘 먹고 평소보다 늘어지게 늦잠을 자도 마찬가지다. 최고의 럭셔리 호텔에서 아무리 휴식에 탐닉한다 해도, 나만의 소박한 공간에서 쉬는 것만큼 에너지가 재충전되지 않는다.

그도 그럴 것이, 우리는 우리의 근접 환경과 엄청나게 다양한 관계와 상호작용 속에서 살아가고 있기 때문이다. 내가 들이마시는 물과 공기의 미세한 화학적 조성과 향기, 내가 걷는 길의 교통신호 체계와 공간구성, 내가 쓰는 언어의 문법과 어휘와 뉘앙스. 무의식적인 차원에서 우리는 이 익숙한 세계의 시스템에 접속하여 정신적·물질적으로 원활한 대사 작용을 하고 있는 것이다. 갑자기 새로운 환경에 놓이면 잘 돌아가던 이 모든 것들이 부자연스러워진다. 그래서 추가적으로 에너지가 필요하게 된다. 여행지에서 새로운 통신망을 검색하는 모바일 기기처럼 우리의 감각과 정신은 안테나를 곤두세우고 적응 및 훈련 모드에 돌입한다. 비행기가 멀리 옮겨다 준 몸이야 멀쩡하지만 실은 눈에 안 보이는 무수한 탯줄을 끊고 달아난 신세에 다름 아니다.

새 한 마리, 꽃 한 송이 등 각각의 생물체를 개별적인 존재로 국한시키지 않고, 그것이 속한 세계와의 관계라는 그물망 속에서 바라보는 것이 바로 생태학적 관점이다. 죽은 동식물의 표본을 모아 종류에 따라 늘어놓는 고전적 자연사 박물관이나, 살아 있는 동물을 잡아 고립된 울타리에 가둔 채 근거리에서 관찰하는 동물원은 과거에 자연을 대하던 문화이자 자세이다. 동식물이 자생하는 물리적인 터전인 유형적 서식지는 물론, 복잡다단한 생태적 관계를 아우르는 무형적 서식지까지 고려하는 것이 오늘날의 자연관이다. 신체적 고통을 주지 않아도 자유를 제한하거나 사회적으로 차단시키는 감금형 또는 귀양살이를 하나의 처벌로 여겨온 인류사를 생각하면, 이런 맥락이 자연에까지 확대된 것은 어쩌면 자연스러운 귀결이다.

하지만 불행히도 생명에 대한 이러한 현대적 시각이 아직 사회 곳곳에 충분히 깃든 것은 아니다. 언제부터인가 개발과 보존이 첨예하게 대립하는 사안이 생기면, 문제가 되는 그 자연을 '옮기는' 해괴한 해법이 태연하게 제시되고 있다. "개발지로 선정된 곳에 서식하는 나무 ○○그루를 옮겨심기로 결정했다." 환경부나 산림청과 같은 관련 당국으로부터 심심찮게 들리는 말이다. 마치 물건이라도 치우듯 '옮기기'가 간편하고 훌륭한 대안인 양 많은 국가 과제에 단골손님으로 등장한다. 이런 조치에 대한 가장 자연스러운 반응은 "옮겨도 되는 건가?"이다. 기술적, 법률적으로 가능한지 여부가 궁금한 것이 아니다. 가장 먼저 차오르는 질문의 진짜 내용은 이것이다. "자연을 그런 식으로 다뤄도 되는 건가?"

실제로 생태학계에서 사람에 의한 동식물의 이주는 뜨거운 논란거리이다. 한 생물의 '이입(relocation)'은 그 생물을 보전하기 위한 목적으로 정당화되기도 하지만, 이입지의 생태계를 교란시킬 수 있기 때문에 반대의 목소리도 높다. 이입은 외래종 도입의 위험을 초래하고, 진화적 역사와 생태적 순환을 해칠 수 있기 때문이다. 물론 이런 논란조차 그대로 뒀다가는 멸종을 피할 수 없을 것이라 거의 확

실시되는 생물에 한해서 이뤄지고 있다. 멀쩡히 서 있는 산림 지역을 다른 용도로 활용하기 위해 대충 엎으로 치워버리는 일은 이입에 해당되지도 않는다. 그럼에도 불구하고 '옮겨심기'는 버젓한 생태학적 정책처럼 협상 테이블에 수시로 올라오고 있다. 생태학이 아니라 원예학의 눈으로 숲을 보는 수준이다. 옮겨 심는 과정에서 나무에 미치는 해악, 나무를 둘러싼 고유한 생태계 등에 대한 고려는 어디에도 찾아볼 수 없다. 나무 몇 그루 살렸으니 된 것 아니냐는 식이다. 하지만 그조차 정말 살렸는지는 미지수이다. 인도 날곤다 지역에서는 2010년에 고속도로 확장공사의 일환으로 수령이 몇 백 년에 이르는 나무 27그루를 옮겨 심었지만 모두 죽고 말았다. 예외적으로 허락된 옮겨심기가 성공하려면 이입지의 생태적 유사성, 이입기술의 적절성, 사후관리의 체계성 등 까다로운 조건이 엄격히 적용되어야만 한다. 그나마도 영국의 통합자연보전위원회가 밝히는 것처럼 "이동은 원위치 보전(in situ conservation)이 가능한 한 절대로 수용 가능한 대안이 아님"을 전제로 이 모든 이야기가 이뤄져야 한다. "집 떠나면 고생"이라는 옛말에 담긴 생태학적 의미가 깊다고, 야생학교는 되새긴다.

06

생명존중은 뭇생명존중으로부터

영화가 재미있는 이유는 사건 중심이기 때문이다. 평화로운 한때는 그저 배경으로 잠시 등장할 뿐, 눈치 빠른 관객들은 벌써부터 폭풍의 전조를 감지한다. 평상시의 단조로움이 깨지는 시점부터 스토리는 시작된다. 긴 인생으로 보면 잠시에 불과한 시간 동안 압축적으로 벌어지는 온갖 일들을 겪으며 주인공의 삶은 변하고 관객은 감동한다. 타인의 삶 중 격정적인 시절만 골라 목격하고 영화관을 나서는 우리는 묘한 안도감을 느낀다. 방금 전까지 몰입했던 숨 가쁜 드라마에 비해 이 무난한 일상은 얼마나 편안하고 소중한가. 사건의 소용돌이에 휘말리지 않을 수 있다는 사실에 감사하며 우리는 함께 온 사람의 손을 꽉 쥔다.

가만. 영화보다 더 영화 같은 것이 요즘의 시대상이 아니던가? 하루가 멀다 하고 뉴스와 신문의 톱기사를 장식하는 기가 막힌 사건과 사고는 웬만한 영화는 시시하게 만들 지경이다. 게다가 어떻게든 일종의 해피엔딩으로 끝나는 픽션과는 달리, 진짜 세상의 일들은 흔히 비극으로 치닫는다. 한 편의 작품처럼 어느 선에서 일단락되지도 않는다. 아픔은 사람들의 몸과 마음에 오롯이 남아 슬프고 힘겨운 이야기를 계속해서 만들어낸다. 그래서인지 우리 모두는 어느새 영화 속 주인공처럼 언제나 격동의 시기에 놓인 심리상태로 살아가고 있다. 일반적인 각본에 의하면 어느 파란만장한 기간을 중심으로 그 전과 후는 별 탈 없이 행복한 시간이어야 한다. 그런데 실제로는? 작은 사건은 언급조차 되지 않을 정도로 초대형 재앙의 발생 횟수가 잦아서, 이제는 큰일이 없는 날이 이상하게 느껴질 정도이다. 충격적인 일들이 정말 어쩌다가 일어나기만 한다면 하다못해 배움과 각성의 기회로 삼을 수 있다. 그러나 최소한의 수습에 필요한 여유마저 허락되지 않는 식으로 사건이 전개되는 세상 속에서는, 마음은 점점 황폐해져가고 '내 자신이나 챙기고 보자'식의 인생관이 강화되기 쉽다.

하지만 지금은 그럴 때가 아니다. 아니 지금이야말로 눈을 가장 크게 뜨고 그동안 보지 않으려고 했던 것들을 봐야 한다. 이 끔찍한 불행의 잔해더미에서 드러나는 근원적인 메시지에 초점을 맞춰야 한다. 물론 사태의 책임자를 문책하고, 잘못된 시스템은 고치고, 재발 방지를 위한 모든 노력을 해야 한다. 마땅히 수행해야 하는 이러한 조치도 중요하지만, 물리적으로 외양간을 뚝딱뚝딱 두들기는 제도적, 기술적인 대책만으로는 턱없이 불충분하다. 왜냐하면 한두 번이 아니기 때문이다. 더 이상 하나의 이례적 사고라 치부하기에는 너무 자주, 너무 비슷한 양상으로 일어난다. 이쯤 되면 사고가 아니라, 증상이다. 이 증상은 진통제나 항생제 투여와 같은 눈가림식 치료법을 수차례 거치고 나서 모두 소용없음이 증명된, 그런 증상이다. 즉 근본적으로 다루지 않으면 안 되는 문제이다. 그렇다면 대체 이 일련의 일들을 어떤 의미로 봐야 하는가? 바로 희생을 묵인 또는 정당화하는 사고방식의 한계가 명백히 도래했음을 의미하는 것이다. 효율을 위해 안전을 희생시키고, 이윤을 위해 노동을 희생시키고, 자본을 위해 개인을 희생시키고, 개발을 위해 자연을 희생시키는 그런 유의 사고방식. 이제 그렇게 살던 시대는 정녕 벼랑 끝까지 왔다는 메시지인 것이다.

많은 이들은 무엇보다 생명이 가장 우선시되어야 한다고 지적한다. 맞는 말이다. 그러나 그 생명의 가치가 사람에게만 협소하게 적용될 경우 사람 외의 생명을 희생시키는 또 한 번의 오류를 범하게 되고, 결국 보편성을 획득하지 못한 생명 중시 사상은 급할 때가 되면 자신의 목숨만 부지하려는 이기주의로 변질되기 쉽다. 같은 사람이라도 다른 국적, 인종, 종교를 가졌을 경우 전혀 다른 생물체처럼 대하는 수많은 사회적 갈등 사례에서도 이는 여실히 드러난다.

생명을 중시하려면, 뭇 생명을 중시해야 한다. 그제야 비로소 어떤 것도 하찮게 여기지 않고 쉽게 희생시키지 않는 철학이 삶의 밑바탕을 이룰 수 있다. 내 가족, 내 동료라는 직접적인 관계의 범위에서 벗어나, 타인은 물론 심지어 사람이 아닌 생명에게까지도 이심전심이 미칠 때에만 생명 존중 사상은 체화(體化)된다. 그러기 위해서는 이 문명 자체가 진정으로 생명을 받들어야 한다.

가라앉는 배와 사람들을 두고 훌쩍 떠나버린 선원들의 모습에서 난 우리가 속한 문명의 얼굴을 엿본다. 자연을 이토록 유린하고 파괴해 놓고서 다음 세대가 직면한 위태로운 미래를 나 몰라라 하며, 내 생애만 잘 끝마치려는 그 모습이 눈앞에 아른거린다. 기후변화로 점점 높아지는 해수면을 보고 있노라면, 이 지구 전체가 그 비극의 배와 비슷한 처지라는 인상을 떨칠 수 없어, 야생학교는 번민한다.

07

콜록콜록, 그놈의 냉방 때문에…

콜록콜록. 아차차. 해버리고 말았다. 후다닥. 황급히 몸을 피하는 이들의 몸동작에는 불쾌함이 배어 있다. 하얀 마스크 위로 굴리는 눈에는 원망이 이글거린다. 하필 왜 내 옆이람. 하필 전국을 강타한 메르스 사태의 한 중간에 대중교통을 이용하면서 감히 기침을 터뜨렸던 것이다. 싸늘한 시선을 감당할 수 없어 눈을 깊이 내리깔았다. 십년 넘게 앓은, 낙타와 무관한 호흡기 지병이 있더라도 적어도 그때만큼은 기침 불허(不許)의 세상. 잘못하다가는 멋대로 나다니는 격리대상자와 같은 몰지각한 인사로 취급받기 십상이었다. 이런 판국에 기침이라니. 제 죄를 제가 알렸습니다.

하지만 나는 억울했다. 나를 잠재적 보균자로 오해하는 시선까지는 이해할 수 있었다. 모두들 불안할 법도 한 상황이 아닌가. 그런데 말 못할 나의 억울함은 이 문제의 바이러스와 전혀 상관없는 다른 곳에서 기인한다. 온 나라를 공포로 몰아넣었던 이 질병의 출현 시점이 하필이면 당시 초여름이었다는 점. 바로 냉방이 본격적으로 가동되는 시기와 맞물렸다. 그렇다. 나의 기침은 여름날의 추위로부터 비롯된 것이었다. 이는 매년 여름, 심지어는 늦가을까지도 마찬가지이다. 과도한 냉방이 어찌나 팽배한지 더운 날이라도 카디건 따위의 '보호 장비'를 잊지 말고 반드시 챙겨야 한다. 지하철에서는 차가운 공기가 미치지 않는 구석을 필사적으로 찾아다닌다. 버스에서는 에어컨 노즐을 아무리 잠가도 냉한 기운을 완전히 차단할 수 없어 반쯤 포기한 상태로 여정을 인내한다.

극장은 상영작이 뭐든 간에 납량특집 같은 분위기이고, 은행은 돈을 실온에 보관하면 안 되는지 전체를 냉장 공간으로 운영하고 있다. 여전히 걷기에 좋고 쾌적한 바깥 날씨를 생각하면 도무지 이해할 수 없는 양태이다. 덕분에 나의 기관지는 따뜻한 계절에도 고생을 면치 못한다. 유전자 재조합으로 숙주와 진화적 군비 경쟁을 벌이는 바이러스 때문이 아니라, 냉방에 대한 집착과 중독으로 인해 나는 메르스 환자로 오인 받았던 것이다. 어떻게 싸워야 할지 모르는 병이 아니라, 스스로 초래한 일이기에 할 말이 없다.

지금이 냉방 운운할 때냐고 혹자는 말한다. 나라 전체가 치명적인 전염병과 사투를 벌이고 있는 마당에 이렇게 시시콜콜한 걸 들먹이다니. 그러나 어느 한 가지에만 집중하고 나머지 의제는 다 무시해도 되는 상황이란 없다. 당장 급한 것은 있으나 우선순위의 상위에 놓였다는 의미일 뿐, 목록에서 하위에 있는 문제도 엄연히 중요한 사안이다. 동시다발적, 게다가 '시급성'이라는 것도 상대적인 개념이다. 메르스 같은 중대 사태에 대처하는 것도 시급하지만, 좀 더 큰 시간적 스케일에서 보면 기후변화와 같은 문제에 대응하는 것도 어느 것 못지않게 시급하다. 단지 눈앞에 닥치지 않았을 뿐, 지금부터 조치를 취하지 않으면 수십 년 후에 재앙이 될 수 있는 일도 당장, 지금 당장 실천하는 것이 필요하다.

사람마다 느끼는 온도가 다르다고 한다. 그렇기 때문에 바로 어느 누군가가 느끼는 더위나 추위가 아니라, 그 계절 자체가 기준이어야 한다. 모든 사람을 다 만족시킬 수 없으므로, 더운 계절이면 바깥보다 약간 덜 덥게, 추운 계절이면 바깥보다 약간 덜 춥게 실내 온도를 설정하는 것이 기준이 되어야 한다. 온실가스 배출을 줄여야 하는 전 지구적 상황에서, 몇몇의 '온도 진상' 손님 때문에 에너지를 더 사용하는 쪽으로 편향되어서는 안 된다. 어차피 제각각인 '고객 만족'이 아니라, '계절 만족' 냉난방이어야 한다.

이것은 절대로 개인적인 차원의 푸념이 아니다. 국가적인 일은 물론 지구적인 일이다. 우리나라를 포함한 세계 모든 나라는 2015년 12월 파리에서 열린 기후변화총회에 각국의 자발적인 온실가스 감축공약 또는 INDC(Intended Nationally Determined Contribution)를 제출하였다. 교토의정서의 효력이 끝나는 2020년부터 시작될 신(新)기후체제 하에서 각국이 스스로 감축의무를 정한 것이다. 제출 마감일이었던 2015년 10월 1일보다 한참 전인 2월에 제일 먼저 제출한 스위스를 필두로 멕시코, 가봉, 에티오피아 등이 일찍이 자신들의 계획을 접수하였다. 애초부터 마감 직전인 9월까지 눈치작전을 펴기로 했던 한국은 거세진 국제사회의 압력으로 인해 당초 계획을 앞당겨 감축 목표안을 2015년 6월 30일 발표하였다.

최종안을 발표하기 전에 정부가 우선적으로 내놓은 '가안'은 놀랍게도 전 정권보다도 감축 목표량을 줄인 14~30퍼센트였다. 그 정도면 탄소 배출량 세계 7위인 나라치고 거의 비협조 수준이었지만, 환경단체의 반발에 정부는 우리가 '개발도상국'이라는 변명을 내놓았다. 결국에는 배출전망치 대비 온실가스 감축을 37퍼센트 선으로 약간 강화된 공약을 파리 총회에 제출하였다. 그러나 국제 기후분석 사이트인 Climate Action Tracker(CAT)는 한국의 감축안에 '부적합(inadequate)' 등급을 매겼다. 만약 다른 국가들도 자국 상황과 경제규모에 따라 한국 감축안에 해당하는 수준으로 행동한다면 지구의 기온은 2100년에 3~4도 상승한다는 것이다. 이미 CAT는 최종안 이전에 제시된 정부안 4가지 모두에 대해서도 똑같은 등급을 내린 바 있다. 게다가 이 부적합한 최종 감축안마저 법적 강제력에 의한 실질적인 국내 감축보다 국제탄소시장의 거래를 통한 감축을 계획하고 있어서 결과적으로 국내 탄소 배출량은 2030년까지 두 배(1990년 대비) 증가하는 것을 허용하는 의미가 된다고 꼬집었다. 한 마디로 한국의 감축안은 총회의 목표치인 섭씨 2도 이내 온도상승에 동참하지 않겠다는 격이다. 그야말로 창피하고 참담하고 절망적인 일이다.

정부만이 아니다. 나라 어디를 돌아다녀도 탄소 배출을 걱정하는 흔적일랑 보이지 않는다. 수없이 밝힌 등, 여기저기서 들리는 공회전, 극심한 벌목과 개간, 지나치게 추운 냉방이 압도적으로 지배한다. 가령 서울대 관악캠퍼스의 연간 전기료는 100억 원이 넘고, 삼성가 자택 전기료는 월 3,000만 원이 넘는다. 한국 최고의 명문 대학이라는 곳과 한국 최고의 기업 총수의 에너지 사용 실태는 가히 상징적이다. 지금, 정말로 시급한 일이란 무엇인가 묻지 않을 수 없다. 야생학교는 콜록거린다.

08

연못의 멸종과 습지 메우기

여름이다. 바야흐로 휴가의 계절이 도래하고 우리는 떠남을 상상한다. 고운 모래 위로 부서지는 에메랄드빛 파도, 솟아오르는 열기에 나부끼는 넓은 야자수 이파리. 아, 인생 뭐 있나. 그저 이렇게 즐기면 될 것을. 그래서 여행사들의 여름 상품은 바다의 낭만을 담은 사진과 그림으로 가득 꾸며진다. 말이 필요 없는 것이 바로 이미지의 힘. 알록달록한 색의 비치파라솔, 시원한 열대 과일 칵테일, 멋진 선글라스와 이글거리는 태양. 그래 떠나자. 열심히 일한 나.

단숨에 흥과 정취를 불러일으키는 이미지는 거기에 진실이 담겨 있을 때 강력한 힘을 발휘한다. 특히 공간에 관한 이미지일수록, 어딘가에 저 그림과 비견되는 해수욕장이 진짜로 존재하고, 내가 잘만

찾으면 바로 저런 곳에서 올여름을 보낼 수 있다는 가능성은 나를 흥분시킨다.

그래서 정말로 생각했던 이상과 부합하는 장면을 마주치면 우리는 '그림 같다'고 표현한다. 세상을 편집하고 표현하는 과정에서 일종의 '왜곡'이 불가피한 것이 그림이지만, 그럼에도 세상과의 상당한 수준의 합치가 일어날 때 그 감동은 배가된다. 반면에 가장 감흥이 적고 심지어는 불편할 때가 그림과 현실이 완벽히 서로 유리될 때이다. 일부러 이런 효과를 노린 현대미술 작품을 제외하고, 그림을 그린다는 것은 보통 내가 속한 이 세상과 현실을 돌아보는 것을 말한다.

그런데 우리는 너무나도 둔감해진 것일까. 우리가 생산하고 소비하는 이미지가 우리의 실상과 한없이 멀어졌는데도 이 불합치에 대한 알아차림이 적거나 아예 없다. 아이들의 그림이 좋은 예이다. 한국의 어린이는 집을 그리라면 여전히 세모꼴의 빨간 지붕을 그리지만, 실제로 사는 곳은 거의 대부분 직사각형 모양의 아파트이다. 본대로, 있는 그대로 그리는 대신, 사회적 기호를 답습하고 있는 것이다. 나무도 마찬가지다. 도시 아이가 보는 가장 흔한 나무인 가로수는 수형을 온전히 유지한 생물이 아니다. 가지가 수도 없이 잘리고 잘려, 흉측하게 아문 상처의 흔적이 즐비한 거의 불구의 나무들이다. 하지만 여전히 크레파스는 둥그런 모양으로 잎을 풍성하게 틔운 나무를 그려낸다. 아이들의 그림에 자주 등장하는 놀이동산, 길, 자동차 등을 찬찬히 뜯어보면 하나같이 현실과 상당한 차이를 보인다.

그 중에서도 그 괴리감이 가장 압도적인 사례를 꼽으라면, 단연 연못이다. 둥근 타원형 하나 그려 파랗게 칠하고, 속에 물고기와 개구리를, 옆에 강아지풀과 부들을 그려 표현하던 연못. 웬만한 동화책과 아이들 그림에 지금도 단골로 등장하지만 현실에서는 놀라울 정도로 찾아볼 수 없는 곳. 아동의 상상력을 자극하는 아담한 수중 생태계의 신비를 간직한 자연 연못은 습지의 무차별 파괴로 인해 거의 완벽히 자취를 감추고 있다. 그림에 나오는 것처럼 정확한 타원형 연못을 말하는 것은 물론 아니다. 연못을 포함해, 땅은 땅이되 물을 머금고 있어 늘 젖은 땅인 습지(濕地) 일반에 관한 이야기다.

습지에 대한 변호는 모두 습지의 순기능과 효용을 피력하는 것에서 출발한다. 하지만 인간에게 어떤 혜택을 제공하는지에 대한 기능주의적 변명은 자연의 진정한 가치를 실추시킬 뿐이다. 순수한 아이가 그림으로 남기고 싶어 하는 대상이라는 것만으로도 그 가치는 일단 충분하다.

보다 더 중요한 것은 습지를 없애면서까지 그 자리를 차지하는 것이 무엇인지를 살펴보는 일이다. 김포공항 습지가 그 좋은 예이다. 서울과 부천의 경계이자 김포공항 인근에 소재한 이 묵논습지에는 천연기념물 12종, 멸종위기 1급과 2급 14종 등 법정보호 또는 관심생물이 총 27종이나 서식한다. 희귀한 맹꽁이, 금개구리, 무자치, 구렁이는 물론 최근 조사에서 심각한 멸종위기종인 수원청개구리도 발견되었다.

이곳에서 활동 중인 학생 환경모임인 '뿌리와 새싹'이 2013년 신종으로 추정되는 거미를 발견해 학계에 알리기도 했다. 도시 인근임에도 풍부한 생물다양성을 자랑하는 이 습지를 두고 나오는 이야기는 우려한 대로이다. 골프장이 생긴다는 것이다. 한국공항공사와 보일러로 유명한 기업이 함께 추진하는 골프장 사업으로 이 보물 같은, 아니 이미 천혜의 보물인 습지를 전부 메워버린다는 계획이다. 생태학적 범죄 행위에 해당되는 이런 사업조차 이른바 환경영향평가를 떡하니 이수한 걸 보면 이 나라에 법체계라는 것이 과연 있기나 한가 의문스럽다. 이 좁은 국토에 극히 소수만이 즐기는 컨트리클럽을 또 하나 추가한다는 것만으로도 황당한데, 이를 위해 희생당하는 생명과 아름다움과 소중함을 생각하면 가히 충격적이다. 지금이라도 이 어이없는 기획이 무산되기를 기원하며, 마음속에 예쁜 연못 하나를, 야생학교는 그린다.

09

이제 세상을 바꿀 시간

사실 나는 지금 이 자리에 있다는 것이 무척 감사하다. 2014년 말 에어아시아 비행기가 인도네시아 바다에 떨어졌을 때, 나는 비행기 티켓을 들고 인도네시아 공항에 있었다. 텔레비전에서 추락 소식을 접하고 아주 찜찜한 마음으로 비행기를 탔지만, 다행히도 무사히 도착할 수 있었다.

그동안 우리에게는 정말 위기가 많았다. 한 가지 위기가 지나가면 또 다른 위기가 찾아왔다. 이 위기를 어떻게 대처해야 할지 모두 혼란스러워 한다. 그렇다면 위기 전문가에게 자문을 구해봐야 하지 않을까? 그 위기 전문가란 바로 위기를 항상 겪어본 존재, 야생동물이다. 우리 주변에는 멸종위기 동물이 너무 많다. 이들은 항상 멸종위기에 처해 있기 때문에 위기란 게 무엇인지 일가견이 있을 법하다. 그들에게 물어보면 어떤 지혜를 얻을 수 있을지도 모른다.

수마트라 코뿔소에게 한 번 물어보자. 이 친구는 성격이 소심해서 덩치가 큰 데도 열대우림에서 소리를 내지 않고 돌아다닌다. 이들은 사냥을 많이 당해서 멸종위기에 처했는데, 현재 약 100마리 정도가 남아 있다. 소심한 성격 탓에 번식도 잘 못하기 때문에 사람들이 도와주려고 암수를 같은 곳에 모아 두었다. 그런데 이 코뿔소가 아직도 재는 중이다. 아니, 100마리도 채 남지 않았는데 지금 선택할 때인가? 네 앞에 있는 걔라고, 그냥! 지금 그럴 때가 아니야! 그런데 이 코뿔소는 '음, 내 운명의 짝은 아닌 거 같아'라고 생각하는 모양이다. 밖에도 달리 뭐가 없다는 말을 해주고 싶은데 말이 통하지 않으니 어쩌겠는가. 그런데 말이 통하는 친구가 하나 있다. 바로 "STOP!"이라고 외치는 지니라는 아이다.

지니는 사실 나와 동생이 만든 작품의 주인공으로, 가상의 인물이지만 나에게는 실제 인물이나 다름없는 내 딸이기도 하다. 이 아이에게는 특별한 능력이 두 가지 있다. 하나는 "STOP!"이라고 주문을 외쳐서 모든 것을 멈추는 것이다. 두 번째는 그렇게 멈춘 상태에서 동물들과 이야기하는 것이다. 지니가 동물들에게 물어보면 먹히는 동물, 먹는 동물, 기생 동물, 공생 동물 할 것 없이 모두 할 말이 있고 사정이 있다. 항상 위기를 겪고 있으니까 위기 대처 능력이 좋을 줄 알았는데, 알고 보니 죄다 대처를 못하고 있다. 다들 고생스럽고 살기 힘들단다. 동물들이 위기 전문가가 되기는커녕 속수무책으로 당하면서 힘들어한다는 사실을 지니는 알고 있다. 닭들은 닭장에 갇혀서 힘들다, 코끼리는 열대우림이 벌목되어서 힘들다, 북극곰은 먹이만 잡으려고 밖에 나가면 빙판이 깨져서 힘들다고 말한다. 이렇듯 동물들은 하나같이 계속 힘들다고 말해왔다. 그런데 우리는 그동안 그들의 말을 전혀 듣지 않았던 것이다.

이 위기를 가장 늦게 깨달은 종이 바로 우리 인간이다. 인간은 이제서야 '아, 이거 위기인가'하고 생각하고 있다. 이 와중에 이런 말을 하는 사람도 있다. 아니, 지금 우리가 동물 걱정하게 생겼냐고. 인간이 살기도 힘든 마당에 웬 동물이냐, 뚱딴지같은 이야기라고 할지도 모른다. 그런데 이와 비슷한 말이 떠오르지 않는가? 돈 버는 게 중요하지 안전이 뭐가 중요해? 개발이 중요하지 환경이 뭐가 중요해? 일하는 게 중요하지 건강이 뭐가 중요해? 분명 우리에게는 돈이건 사업이건 중요한 일이 있다. 그런데 사람들은 이런 중요한 일 외의 다른 일은 불필요한 여집합으로 치부해버리는 사고방식을 가지고 있는 것 같다. 어쩌면 그 여집합에 지구 전체가 들어가는지도 모른다. 지구는 우선순위 맨 아래로 옮겨버리고 A가 중요하니 B는 희생해도 된다는 식의 사고방식을 깊숙이 내면화한 게 아닐까.

우리는 그동안 재난과 사건사고를 보면서 생명을 가장 먼저 존중해야 한다고 외쳤다. 가장 근본적인 것은 생명이라는 것이다. 하지만 진정으로 생명을 존중하려면 뭇생명을 다 존중해야 한다. 우리가 생명의 가치를 인간에게만 협소하게 적용시키면, 인간을 위해 다른 동물을 희생시키는 것을 정당화하게 된다. 이럴 경우 생명의 가치를 보편적으로 여기지 않은 채, 급할 때 자기 목숨만 구제하려 하는 이기주의로 변질되기 쉽다.

STOP! 멈춰야 한다. 더 이상 이대로는 안 된다. 지금까지 한 방향으로 맹목적으로 내달리던 것을 멈추고 이제는 돌아봐야 한다. 지금 멈춰 서지 않으면 이 문제를 여기까지 끌고 온 관성의 지배를 받아 계속해서 등이 떠밀릴 것이다. 이렇게 우리가 무의식적으로 전진하면 그러한 관성의 힘이 더 세질 수밖에 없다. 이제 우리는 지니처럼 멈춰서 뭇생명의 이야기에 귀를 기울여야 한다. 사람이 아닌 생명에게도 이심전심으로 대해야 비로소 생명 존중의 사상이 체화될 수 있다. 그렇지 않으면 생명 존중 사상은 발현되지 않는다. 생명을 존중하는 자연은 우리의 스승이자 근본이자 전부라는 것을 알아야 한다.

그런데 우리는 생명을 그렇게 대하고 있는가? 자연을 남획하고, 착취하고, 박탈하고, 파괴하고 있지 않은가? 동물을 잡아 가두고, 사냥하고, 학대하고, 쇼를 시키고, 식물을 뽑고, 자르고, 베고, 전선으로 칭칭 감고 있지 않는가? 우리는 자연에 귀를 기울이기는커녕 자기 멋대로 해석하여 약육강식 같은 단어들만 부각한다. 이런 것을 정글의 법칙이라 부르고 희대의 오락거리로 전락시켰다. 자연을 마음대로 즐기고 취하는 것을 지금 우리는 정글의 법칙이라 부르고 있다.

그러나 이것은 정말 모르고 하는 말이다. 나는 정글에서 살았고, 그곳에서 연구를 했으며, 정글이 어떤 곳인지 직접 눈으로 봤다. 꼭두새벽에 일어나 긴팔원숭이를 찾아서 매일 숲에 들어갔고 해가 어스름해질 때 그곳에서 나왔다. 이렇게 수년간 정글에서 살았기 때문에 진짜 정글의 법칙이 무엇인지 말할 수 있다.

첫 번째 정글의 법칙은 바로 종이 무척 다양하다는 것이다. 여기 있는 우리는 아무리 다양해봤자 호모 사피엔스라는 한 종이다. 반면 정글은 다양한 생물이 살 수 있는 가장 좋은 환경을 가지고 있다.

두 번째 정글의 법칙은 단일종이 절대 한 가지 삶의 방식을 우점하지 못한다는 것이다. 언제나 다양한 삶의 방식이 존재하고 그것이야말로 생명인 곳이 바로 정글이다. 그런데 인간은 정글에 정글이라 부를 수 없는 세상을 만들었다. 우리가 먹는 아이스크림, 라면, 과자에 들어가는 팜유를 생산하기 위해 열대우림을 벌목하고 팜이라는 단일종만 사는 환경을 조성한 것이다. 이렇게 단일종만 자라게 하는 것은 정글의 법칙을 어기는 것이다.

세 번째 정글의 법칙은 가장 창조적이고 독특한 생물이 산다는 것이다. 성공만 하면 장땡이라고 뻔뻔스럽게 구는 한 종의 생물만 사는 도시와는 달리 정글에서는 성격이 전혀 다른 생물들이 함께 살아간다. 그 예로 라플레시아가 있다. 라플레시아는 세상에서 가장 큰 꽃 중에 하나다. 보통 꽃들은 향기를 내뿜으며 벌이나 나비 같은 동물을 부른다. 그리고 이 동물이 꽃가루를 옮겨주어 수분을 한다. 그런데 라플레시아는 수분을 위한 매개자로 벌이나 나비가 아닌 파리를 사용한다. 그러기 위해 악취를 내뿜는데, 실제로 라플레시아는 꽃이 피자마자 신체가 썩는 냄새가 난다. 꽃이 피는 순간 가장 썩는 냄새가 날 수 있다는 것은 어떤 면에서 기적적인 현상이다. 이렇게 해서 라플레시아는 전혀 다른 택배 서비스인 파리를 불러 모은다. 파리는 벌보다 속도가 훨씬 빠르고 자주 왔다 갔다 하면서 열심히 꽃가루를 날라다 준다. 이런 독특한 삶의 방식을 가능케 해주는 곳이 바로 정글이다.

그 다음 정글의 법칙은 무엇일까? 우리는 정글을 이야기할 때 보통 경쟁만 강조하기 쉽다. 승자와 패자를 나누고 적자생존을 이야기한다. 물론 그런 면도 있지만, 정글에는 공생관계도 넘친다. 공생할 생각이 없었는데 어쩌다보니 공생하는 관계도 있다. 가령 긴팔원숭이는 식탁예절을 잘못 배웠는지 음식을 먹을 때 칠칠맞지 못하게 흘린다. 크게 펼쳐진 무화과나무에 과실이 풍성하게 열리면 긴팔원숭이는 무화과를 따먹으면서 열심히 밑으로 흘린다. 그러면 밑에 있던 코끼리가 좋아라하며 그것을 먹는다. 이 코끼리는 심지어 긴팔원숭이가 무화과를 흘리길 기대하는데, 긴팔원숭이는 그 기대에 항상 부응한다. 이런 식으로 선의가 있건 없건 간에 정글에서는 독특한 공생관계가 맺어진다. 정글에 경쟁만 있다는 생각은 잘못된 것이다.

정글은 반가운 소식과 무서운 소식이 혼재하는 곳이다. 언제 어디서 맛있는 열매가 튀어나올지 모른다. 내 가슴 높이에 있는 나무에서 갑자기 무화과 열매가 튀어나와 있는 것을 본 적도 있다. 그러다가도 모퉁이만 돌면 무서운 소식을 만나기도 한다. 내가 연구하러 숲에 들어갔을 때, 알고 보니 같은 숲에 표범이 있었다. 그때 나는 표범에게 잡아 먹혀도 좋으니 꼭 나타나주길 바랐지만, 내가 맛이 없어 보였는지 내 앞에 나타나지는 않았다. 그래서 다행스럽게도 지금 살아 있다. 나중에 카메라 트랩을 살펴보니 내가 항상 정글에 있는 시간인 오후 세, 네 시 무렵에 표범 사진이 찍혀 있었다. 아마 뒤쪽에서 맴돌고 있었던 모양이다. 이렇게 무서운 소식과 반가운 소식이 교차하며 이야기가 만들어지는 공간이 바로 정글이다.

또한 정글에는 가장 미학적이면서 예쁘고, 화려하고, 예술적인 생물들이 산다. 형형색색의 새, 곤충, 양서파충류를 만날 수 있는 곳이 정글이다. 예를 들어 코스트리카에서 만난 붉은 눈이 매력적인 레드아이 트리프로그는 그 모습만 봐도 행위예술가가 떠오른다. 이런 동물들이 자기 개성대로 살고 있는 곳, 개성이 표출되고 보존되는 곳, 그곳이 바로 정글이다.

정글에 우릉릉 쾅쾅 비가 내리면 먹는 동물이건 먹히는 동물이건 겸허하게 쏟아지는 비를 맞으며 비가 그치기를 기다린다. 비가 올 때 모든 동물은 평등하다. 나 또한 우비를 뒤집어쓰고 비가 그칠 때까지 기다렸다.

이게 바로 진정한 정글의 법칙이자 진짜 자연의 모습이다. 이제는 우리의 잘못된 자연관을 다시 생각해야 한다. A를 위해 B를 희생시키는 것을 용인하면 우리가 원했던 생명 존중 사상은 체화되지 않고, 우리에게 다가오지 않을 것이다. 화려한 생명의 주체인 정글의 법칙을 음미하고 느끼며 배워야 한다. 그래야만 우리가 생각하는 위기가 지나갈 수 있다. 그리고 가장 위기에 처했을 때 발현될 수 있는 생명 존중 사상, 즉 생명을 정말 사랑하며 아끼고 행동하는 마음이 표출될 수 있다. 그러므로 우리는 지금 "STOP!"이라고 외쳐야 한다. 이제는 좀 멈춰야 할 때다. 멈춰 서서 그동안 관성적으로 해오던 모든 일을 그만두고 옆에서 자연이 무어라고 하는지 귀 기울여야 한다. 이제 인간의 목적을 위해 자연이 희생되는 일은 없어져야 할 것이다.

〈세상을 바꾸는 시간, 15분〉 중에서

"...y de repente un marabú vino y dijo
'Feliz Cumpleaños'..."

"..그러자 갑자기 마라부한마리가 나타나서는
'생일 축하한다'고 전하는 것이었다..."

왜 세계의 절반은 굶주리는가?

유엔 식량특별조사관이 아들에게 들려주는 기아의 진실

장 지글러 지음 | 유영미 옮김 | 우석훈 해제 | 주경복 부록 | 232쪽 | 10,800원

120억의 인구가 먹고도 남을 만큼의 식량이 생산되고 있다는데 왜 하루에 10만 명이, 5초에 한 명의 어린이가 굶주림으로 죽어가고 있는가? 이런 불합리하고 살인적인 세계질서는 어떠한 사정에서 등장한 것일까? 그 책임은 누구에게 있을까? 학교에서도 언론에서도 아무도 알려주지 않는 기아의 진실! 8년간 유엔 인권위원회 식량특별조사관으로 활동한 장 지글러가 기아의 실태와 그 배후의 원인들을 대화 형식으로 알기 쉽게 조목조목 설명했다.

· **한국간행물윤리위원회**
· **책따세 선정도서**
· **법정스님, 한비야 추천도서**

지식의 역사

과거, 현재, 그리고 미래의 모든 지식을 찾아

찰스 밴 도렌 지음 | 박중서 옮김 | 924쪽 | 35,000원

문명이 시작된 순간부터 오늘날까지 인간이 생각하고, 발명하고, 창조하고, 고민하고, 완성한 모든 것의 요약으로, 세상의 모든 지식을 담은 책. 인류의 모든 위대한 발견은 물론이거니와, 그것을 탄생시킨 역사적 상황과 각 시대의 세심한 풍경, 다가올 미래 지식의 전망까지도 충실히 담아낸 찰스 밴 도렌의 역작이다.

· **한국간행물윤리위원회 선정도서**
· **한국경제신문, 매일경제, 교보문고 선정**
· **2010년 올해의 책**

물질문명과 자본주의 읽기

자본주의라는 이름의 히드라 이야기

페르낭 브로델 지음 | 김홍식 옮김 | 204쪽 | 12,000원

역사학의 거장 브로델이 우리가 미처 알지 못했던 자본주의의 맨얼굴과 밑동을 파헤친 역작. 그는 자본주의가 이윤을 따라 변화무쌍하게 움직이는 카멜레온과 히드라 같은 존재임을 밝혀냄으로써, 우리에게 현대 자본주의의 역사를 이해하고 미래를 가늠해 볼 수 있는 넓은 지평과 혜안을 제공하였다. 이 책은 그가 심혈을 기울인 '장기지속으로서의 자본주의' 연구의 결정판이었던 『물질문명과 자본주의』의 길잡이 판격으로 그의 방대한 연구를 간결하고 수월하게 읽게 해준다.

현대 중동의 탄생

데이비드 프롬킨 지음 | 이순호 옮김 | 984쪽 | 43,000원

미국 비평가협회상과 퓰리처상 최종선발작에 빛나는 이 책은 분쟁으로 얼룩진 중동의 그늘, 그 기원을 찾아가는 현대의 고전이다. 종교, 이데올로기, 민족주의, 왕조 간 투쟁이 끊이지 않는 고질적인 분쟁지역이 된 중동이 어떻게 형성되었는지를 명쾌하게 제시해준다. 이 책은 중동을 총체적으로 이해하게 해주는 중동 문제의 바이블로 현대 중동 문제를 이해하기 위한 필독서다.

푸코, 바르트, 레비스트로스, 라캉 쉽게 읽기

교양인을 위한 구조주의 강의

우치다 타츠루 지음 | 이경덕 옮김 | 224쪽 | 12,000원

구조주의란 무엇인가에서 출발해 구조주의의 기원과 역사, 그 내용을 추적하고, 구조주의의 대표적 인물들을 한자리에 불러 모아 그들 사상의 핵심을 한눈에 들어오도록 정리한 구조주의에 관한 해설서. 어려운 이론을 쉽게 풀어 쓰는 데 일가견이 있는 저자의 재능이 십분 발휘된 책으로, 구조주의를 공부하는 사람이나 구조주의에 대해 알고 싶었던 일반 대중 모두 쉽고 재미있게 읽을 수 있는 최고의 구조주의 개론서이다.